FACULTÉ DE MÉDECINE DE PARIS

LES GALLES

ET LEURS HABITANTS

PAR

LE Dr B. NABIAS
Licencié ès-sciences naturelles,
Chef des Travaux pratiques d'Histoire naturelle à la Faculté de médecine de Bordeaux.

AF475492

PARIS
OCTAVE DOIN, ÉDITEUR
8, PLACE DE L'ODÉON, 8
1886

LES GALLES

ET LEURS HABITANTS

CONCOURS D'AGRÉGATION

SECTION D'ANATOMIE, DE PHYSIOLOGIE

ET D'HISTOIRE NATURELLE

LES GALLES

ET LEURS HABITANTS

PAR

LE Dr B. NABIAS

Licencié ès-sciences naturelles,

Chef des Travaux pratiques d'Histoire naturelle à la Faculté de médecine de Bordeaux.

PARIS

OCTAVE DOIN, ÉDITEUR

8, PLACE DE L'ODÉON, 8

1886

INTRODUCTION

Il y a peu de sujets en histoire naturelle qui aient autant exercé la sagacité des savants, surtout depuis un certain nombre d'années, que celui qu'il nous faut aborder aujourd'hui : *Les galles et leurs habitants.*

Notre grand Réaumur nous a laissé la description de quelques-unes des galles les plus remarquables, soit des chênes, soit d'autres végétaux, ainsi que des observations intéressantes sur l'évolution des êtres qui, par un instinct des plus merveilleux, savent mettre à profit le fonctionnement des plantes pour assurer, soit à eux-mêmes, soit à leur progéniture « le gîte le plus confortable et le couvert le mieux approprié à leurs besoins ». Mais les travaux de Réaumur datent de plus d'un siècle et depuis lors, l'histoire a dû enregistrer tant de découvertes nouvelles que l'œuvre de cet observateur distingué ne doit plus être considérée que comme une ébauche de ce que la science possède aujourd'hui. Parmi les plus célèbres entomologistes de notre époque, il existe toute une pléiade de chercheurs, curieux de la nature, tels que Riley, Bassett, Hartig, Franck, Thomas, Giraud, Adler, Lichtenstein, etc., qui ont apporté les matériaux les plus importants au sujet de l'étude des productions gallaires dont ils ont considérablement enrichi le domaine. Ils ont tracé en même temps pour la plupart des espèces gallicoles le cycle biologique et les curieuses migrations qu'elles présentent.

Sans doute, il était difficile pour nous d'analyser dans un

laps de temps si court les mémoires dont nous sommes redevables à ces éminents naturalistes, mais une difficulté plus grande encore se présentait à nous pour rassembler un grand nombre de notions instructives qu'on trouve disséminées dans les publications les plus diverses, et cela, parce que les galles, il faut bien le dire, constituent à l'heure actuelle une des branches les plus importantes de la pathologie végétale, à laquelle nul ne doit rester étranger, depuis le phylloxera surtout, qui, lui aussi, est un animal gallicole. C'est ainsi que M. Lichtenstein, en 1879, s'exprimait dans les termes suivants : « Parmi les ouvrages les plus difficiles à rassembler, on peut certainement citer ceux qui ont rapport aux galles des végétaux. Ils sont en général disséminés dans les recueils scientifiques, botaniques, zoologiques, entomologiques, dans les revues agricoles, horticoles, forestières, œnologiques, et enfin dans les annales et bulletins innombrables des sociétés savantes de tous les pays. » M. le professeur Thomas, à Ohrdruf, a essayé de faire depuis quelques années une tentative de rassemblement qui a été pleinement couronnée de succès, en ce qui concerne les mémoires importants. Aujourd'hui la bibliographie des galles et de leurs habitants est immense. Nous renonçons à faire un index bibliographique spécial qui aurait une étendue disproportionnée. Nous avons eu soin cependant d'indiquer les nombreux travaux que nous avons dû consulter.

Comme les animaux les plus divers, insectes, acariens, nématodes, etc., sont fondateurs de galles, on comprend sans peine quelle serait la vaste étendue de notre travail, si nous voulions faire une étude zoologique complète de chacun d'eux, ou même des groupes auxquels ils appartiennent. Il a donc fallu restreindre cette étude. Nous avons alors envisagé l'être galligène dans les rapports les plus intimes qu'il affecte avec sa demeure. C'est ainsi que nous avons été conduit à faire presque uniquement le cycle biologique des habitants des galles.

Voici le plan que nous avons adopté. Après avoir présenté quelques considérations générales sur les causes de formation, le développement et la structure des galles, nous les classons d'après un ordre zoologique, suivant en cela la même marche que les auteurs classiques de l'heure actuelle, et nous les étudions successivement chez les insectes (Coléoptères, Hyménoptères, Lépidoptères, Diptères et Hémiptères), chez les Acariens, les Nématodes et les Rotateurs. Nous faisons suivre l'étude des galles dans ces différents groupes du tableau biologique des êtres gallicoles, quand leur cycle d'évolution offre quelque intérêt à être connu. Comme les galles peuvent aussi prendre naissance par l'action qu'exercent certains végétaux parasites sur d'autres plantes, nous avons tenu à en faire connaître deux ou trois exemples des plus frappants. Nous n'avons pas insisté longuement sur les galles utiles, parce que ce sujet a été traité, il y a trois ans, dans des circonstances semblables, par M. Beauvisage, professeur agrégé à la faculté de médecine de Lyon.

Notre tâche a été facilitée par l'obligeance de M. le Dr Henneguy, le savant préparateur du Collège de France, qui nous a fourni les plus précieux renseignements. Nous sommes heureux de lui témoigner ici toute notre reconnaissance.

Nous tenons à remercier notre excellent et savant ami Lamounette, qui nous a accordé le concours le plus dévoué pour faire toute sorte de recherches, ainsi que M. Flogny, professeur au Lycée Charlemagne, qui a mis tout son temps à notre disposition pour nous traduire les divers mémoires de langue étrangère que nous avons eu l'occasion de consulter.

PREMIÈRE PARTIE

DES GALLES EN GÉNÉRAL

DÉFINITION DES GALLES.

M. de Lacaze-Duthiers a donné des *galles* la définition suivante: « Ce sont toutes les productions anormales pathologiques développées sur les plantes par l'action des animaux, plus particulièrement des insectes, quels qu'en soient la forme, le volume ou le siège (1). » En ajoutant la restriction « plus particulièrement des insectes », le savant professeur de la Sorbonne a voulu simplement indiquer que le plus grand nombre de ces productions est dû à ce groupe d'arthropodes. Cette définition, acceptée longtemps sans contestation, n'est plus admise dans la science actuelle. Il n'y a pas que les animaux qui produisent des galles. Parmi les végétaux, beaucoup d'individus sont galligènes. Aussi, déjà en 1873, le professeur Thomas, à Ohrdruf, appliquait le nom de galle ou de *cécidie* à toute anomalie de développement produite par un parasite quelconque, animal ou végétal. Suivant l'embranchement auquel appartenait le parasite, il le désignait sous le nom de *cécidozoaire* ou de *cécidophyte* (2). En 1877, W. Beyerinck considérait aussi comme une galle « toute production nouvelle anormale de cellules ou de tissus végétaux due à la présence d'un organisme animal ou végétal » (3). Aujourd'hui presque

(1) Lacaze-Duthiers. *Recherches pour servir à l'histoire des galles.* Ann. sc. nat., bot., t. XIX 1853.

(2) Thomas. *Beitraege zur Kenntniss der Milbengallen und der Gallmilben,* Halle, 1874.

(3) W. Beyerinck. *Bijdrage tot de Morphologie der Plantengallen.* Utrecht. 1877.

tous les savants se rangent à l'opinion de Thomas et de Beyerinck. Un certain nombre d'altérations végétales provoquées par des parasites comme celles que présentent, par exemple, les feuilles minées et rongées par des chenilles ne doivent pas être regardées comme des galles. En dehors de l'influence parasitaire, une condition essentielle, ou le criterium en quelque sorte, pour qu'une altération végétale soit une galle, c'est une réaction de la partie du tissu végétal caractérisée par un développement anormal. Les galles seront pour nous : *Toute production morbide développée sur une partie quelconque d'une plante par un parasite animal ou végétal avec participation active du tissu affecté.*

Les galles sont destinées à fournir la nourriture et un abri aux parasites qui ont provoqué leur formation. Elles se rencontrent sur tous les tissus. Aucune des parties des plantes depuis les racines jusqu'aux rameaux, depuis les feuilles jusqu'aux fruits n'est à l'abri de ces productions. Lorsqu'elles se forment aux dépens du cône végétatif d'un bourgeon comme les galles en artichaut du chêne, par exemple, le professeur Thomas (1) leur donne le nom d'*acrocécidies* tandis qu'il désigne toutes les autres, quel que soit leur siège, sous le nom de *pleurocécidies*.

Les galles se développent tantôt dans l'épaisseur des organes comme sous l'écorce de la tige ou au sein du mésophylle de la feuille, tantôt à l'extérieur et ne restent attachées au tissu d'origine que par un pédicule. M. Lacaze-Duthiers (2) a insisté sur cette différence pour établir une classification des galles. Il désigne les premières sous le nom de *galles vraies internes* et les secondes sous le nom de *galles externes*. Nous verrons un peu plus loin, en étudiant le développement de ces productions morbides, que ces deux dénominations

(1) *Loc cit.*
(2) *Id.*

ne correspondent pas à deux variétés de galles parfaitement distinctes. Les galles vraies internes et les galles externes sont fermées de toutes parts et logent les parasites au milieu de leurs tissus comme cela a lieu, par exemple, pour ces galles si connues qu'on trouve sur les chênes et les rosiers. Parfois elles sont plus ou moins ouvertes et abritent simplement leurs habitants, comme on l'observe dans les galles creuses répandues dans les feuilles de tilleul, d'orme, de peuplier, etc. Ce sont ces galles, dont le type est bien différent des précédentes, que M. Lacaze-Duthiers appelle *des fausses galles internes*. Il nous arrivera d'employer de temps en temps les termes de galles internes et de galles externes; nous avons cru bien faire de les définir avant d'aller plus loin.

La forme des galles est extrêmement variable.

Tantôt ce sont des séries de sphères d'une très grande régularité, tantôt ce sont des excroissances diversement contournées, pourvues de prolongements, de cornes ou d'une sorte de chevelure touffue. Ailleurs ce sont des groupes de godets, d'urnes, de bourses, etc. La même forme peut se rencontrer sur des organes très différents. Mais l'on voit aussi les formes les plus bizarres apparaître simultanément sur un même emplacement, comme on le constate, par exemple, sur une même feuille de chêne. Les naturalistes de toute époque, frappés d'observer, d'une part, un même type de galle sur des supports différents et, d'autre part, divers types de galle sur un même support, se sont demandé quelles pouvaient être les causes de ces dissemblances. Le support en lui-même n'a-t-il aucune influence sur la marche de la production gallaire? Est-ce sur le compte de l'animal galligène qu'il faut mettre l'apparition de cette diversité de formes? C'est en étudiant les causes de la formation des galles que nous allons voir de quelle manière on a cherché à résoudre le problème.

CAUSES DE LA FORMATION DES GALLES

De nombreuses hypothèses plus ou moins scientifiques ont été émises pour expliquer la formation des galles. Nous ne retiendrons des travaux faits sur cet intéressant sujet que ceux qui marquent une étape importante dans la science, et qui, à ce titre, sont cités par tous les auteurs.

Le premier fait acquis est le concours indispensable d'un animal et d'un végétal. Le végétal fournit à l'animal l'abri et la nourriture nécessaire pour son développement, pour son évolution, et l'animal semble profiter gratuitement de la nourriture et de l'abri. C'est, en un mot, la formule évidente du parasitisme.

D'où vient cet animal ? A ce sujet la science a eu à enregistrer les idées les plus bizarres avant d'arriver à la connaissance exacte de la vérité: c'est ainsi que Rédi attribua aux arbres et aux plantes une *âme végétative* chargée de produire les vers des galles. Mais la génération spontanée répugnait à cet esprit distingué qui ne pouvait admettre sans regret la production singulière d'un animal par un végétal, et Rédi devina plutôt qu'il ne l'observa que les « vers des galles provenaient d'œufs que les mouches avaient déposés dans les tissus des végétaux ».

Il était donné à Malpighi (1), déjà illustre par un grand nombre de travaux, d'observer à diverses reprises les insectes au moment où ils introduisent leurs œufs dans les tissus des plantes, et c'est là aujourd'hui un fait d'observation quotidienne. Les êtres qui habitent les galles dérivent, en effet, presque toujours d'œufs déposés par leurs mères prévoyantes dans les divers organes des végétaux.

Malpighi, après avoir ainsi définitivement affirmé que l'in-

(1) Marcello Malpighi. *Opera omnia* : *De gallis*.

tervention d'un animal est le point de départ essentiel des productions gallaires, essaya d'expliquer ces productions mêmes et, pour cela, il donna une hypothèse qui n'a d'autre intérêt que de nous montrer combien les esprits les plus originaux ont de la peine à s'affranchir des idées qui dominent dans la science à l'époque où ils se sont développés. Au XVIIe siècle on expliquait les principaux phénomènes vitaux par le mot, très vague alors, mais qui a aujourd'hui un sens bien précis, par le mot de fermentation. Malpighi crut voir une fermentation dans la production de la galle et cette fermentation avait pour éléments un *venin* introduit dans le végétal en même temps que l'œuf et un *acide vitriolique* contenu dans la plante. La plante, on le sait, ne renferme point cet acide imaginaire; en revanche, dans bien des cas, l'insecte introduit dans le tissu végétal, en même temps que l'œuf, une goutte de liquide qui, pour quelques auteurs, ainsi que nous le verrons plus loin, joue un rôle essentiel dans la production gallaire.

Toutes les galles contenaient des *œufs d'insectes*, d'après Malpighi : c'est une généralisation prématurée, car les galles d'Aphidiens, pour ne parler que de celles-là, sont produites par une mère fondatrice qui donne naissance plus tard par viviparité à une nombreuse postérité.

L'entomologie fut, comme on le sait, le sujet d'études favori du célèbre Réaumur : l'histoire des insectes fit de grands progrès grâce aux recherches de cet observateur hors ligne, et aujourd'hui encore les œuvres qu'il nous a laissées sont consultées avec le plus vif intérêt par tous ceux qui font des recherches sur ce groupe zoologique. Nul ne peut parcourir les mémoires de Réaumur sans un profond sentiment d'admiration pour les découvertes dont ce savant a enrichi la science et pour la netteté avec laquelle il expose l'histoire des insectes qu'il eut l'occasion d'observer.

Réaumur fit sur les galles des observations plus nombreuses

et plus exactes que Malpighi : en particulier il distingua nettement les galles des Aphidiens de celles qui sont produites par des œufs d'insectes. La question de la formation même des galles fut l'objet d'une hypothèse à la fois plus précise et plus plausible que l'hypothèse de Malpighi. Pour Réaumur, l'action qui préside à la formation des galles est toute mécanique. « L'insecte en aspirant les sucs dans une partie quelconque de la plante, sur une feuille, par exemple, y détermine un appel de sève anormal ; mais comme cette sève est sans cesse soustraite au point où se trouve l'insecte, la tige ou la feuille doit se courber dans ce sens et devenir concave, tandis que les parties voisines s'épaississent. » Pour les galles *en vessie*, que l'on rencontre en quantité considérable sur les feuilles du tilleul, de l'ormeau, etc., après avoir observé qu'elles sont produites par des insectes suceurs par excellence, Réaumur explique ainsi leur genèse : « L'endroit piqué s'élèvera au-dessus de la surface de la feuille et formera en même temps une petite cavité du côté où est l'insecte; que l'insecte avance dans cette cavité et qu'il continue à la piquer dans l'endroit le plus enfoncé, cet endroit continuera à s'étendre et s'étendra en s'allongeant; je veux dire que l'excroissance prendra une grande figure plus approchante de la cylindrique ou de la conique que de la sphérique. » Et plus loin : « Dès que l'insecte s'éloigne de l'ouverture, rien ne contribue à la conserver, les parois vont se rapprocher assez vite et la boucher... Voilà donc l'insecte renfermé dans une vessie oblongue : là, il va mettre au jour des petits qui, dès qu'ils sont nés, piqueront la galle chacun de leur côté ; les piqûres étant multipliées, la galle, étant sucée continuellement, en va croître davantage; et, piquée et sucée sur presque tous les endroits de sa surface, elle prendra une figure plus arrondie, celle d'une espèce de boule ou de poire; il lui restera une sorte de pédicule par lequel elle restera attachée, si les insectes la piquent moins vers son origine que dans le reste de sa surface, cette portion moins piquée se gonflera moins. »

On le voit, cette théorie est ingénieuse, M. de Lacaze-Duthiers (1) dit qu'elle n'a rien qui répugne, qu'on peut l'admettre pour une fausse galle interne, mais elle n'est d'aucun secours pour les vraies galles dans lesquelles l'insecte est logé dans le milieu des tissus, comme, par exemple, les galles des chênes produites par des Cynips. Ce cas avait bien embarrassé le célèbre Réaumur, car pour le faire rentrer dans sa théorie, il en donna une explication tout à fait fantaisiste (2) : « Cette galle, dit-il, est une matrice pour le ver dans l'œuf. L'insecte, pendant même qu'il est dans l'œuf, peut donc déterminer le suc à se porter plus abondamment dans la galle qu'il ne se porte dans les autres parties de la plante. La coque flexible, que nous avons comparée aux membranes qui enveloppent le fœtus, doit être plutôt regardée comme une espèce de placenta appliquée contre les parois de la cavité ; elle a des vaisseaux ouverts qui, comme des espèces de racines, pompent et reçoivent le suc fourni par les parois de la galle. » Jamais Réaumur, ni personne avant ou après lui, n'a vu ces vaisseaux absolument hypothétiques qui « pompent et reçoivent le suc des parois de la galle ».

L'explication que nous venons de rapporter n'avait pas satisfait complètement sans doute le célèbre naturaliste, car il ne tarde pas à chercher une autre cause. « L'œuf, en se développant, dit-il, détermine une élévation de température... et on peut concevoir qu'il y a, au centre de la galle, un petit foyer qui communique à toutes ces fibres un degré de chaleur propre à presser leur accroissement. »

Réaumur n'a pas été heureux lorsqu'il est entré dans le domaine des hypothèses, mais cela n'enlève rien de leur

(1) Lacaze-Duthiers. *Recherches pour servir à l'histoire des galles*, in *Ann. des sc. nat. Bot.* 1853, t. XIX.

(2) Réaumur. *Histoire des Insectes*, t. III. Mém. XII, p. 503.

précision et de leur clarté à ses remarquables recherches.

La théorie de Réaumur est jugée insuffisante aujourd'hui, même pour le cas d'une fausse galle interne. Voici, en résumé, comment Franck (1) explique la formation des galles en bourse produites par un *Phytoptus* sur les feuilles du tilleul.

Les galles se produisent sur les jeunes feuilles, aussitôt après l'épanouissement du bourgeon. Elles commencent par une faible dépression de la partie inférieure de la feuille sous la forme d'un petit point plus transparent que le tissu voisin, souvent d'une coloration jaune ou rouge. La dépression a sa raison d'être dans une augmentation locale de croissance de la surface de la feuille. Comme les parties environnantes ne permettent pas à la surface de croissance de s'étendre sur le même plan, cette portion de la feuille doit forcément prendre une courbure. De quel côté se fera-t-elle? Que la concavité se produise toujours à la face inférieure piquée par l'insecte, cela s'explique par cette circonstance que l'épiderme de ce côté souffre d'abord la plus grande augmentation de surface et ensuite parce qu'il est collé avec le tissu adjacent, avec le mésophylle. Cet épiderme est forcé de se recourber vers ce tissu, puisqu'il ne peut pas s'en séparer et se gonfler vers l'extérieur. Ce sont là, dit l'auteur, les seules choses réelles que nous connaissions de la première formation de ces galles. Les prétendues théories d'après lesquelles les cellules sucées d'un côté par les insectes reculent du côté opposé..., etc., ne sont pour le moment que de la pure spéculation.

M. de Lacaze-Duthiers, dans l'intéressant mémoire que nous avons déjà signalé, a repris et développé avec le talent qui lui est habituel l'hypothèse du venin spécial entrevu par Malpighi. *L'hypothèse*, c'est *le fait* que nous devons dire, car

(1) Franck. *Die Krankheiten der Pflanzen*, p. 682, Breslau, 1881.

les recherches de Lacaze-Duthiers sur l'armure génitale femelle des insectes mettent hors de doute que « tous les Hyménoptères ont une glande vénénifique en rapport avec l'armure. Au reste, il suffit d'exciter un Ichneumonide, un Cynips, pour voir apparaître à l'extrémité de la tarière, absolument comme dans les Guêpes, une gouttelette de liquide. »

Quelle est l'action de ce venin sur le végétal? Elle est « toute-puissante dans la production de la galle, car le venin produit sur le végétal une action analogue à celle que l'abeille produit sur nos tissus quand elle nous pique. » Il en est du venin introduit par la tarière de l'insecte dans une plante comme du liquide morbide que le médecin introduit sous l'épiderme de l'homme, et, de même qu'un virus possède des qualités occultes, cachées, qui lui permettent de réagir sur les tissus de l'homme et d'y produire toujours la même altération, de même aussi le poison de l'insecte a une *spécificité propre*, et par conséquent, il produit toujours les mêmes effets. « On a dit, avec juste raison, ajoute M. Lacaze-Duthiers, qu'il fallait entre le *support du stimulus* et le *stimulus* un certain rapport pour qu'il y eût action. Ceci est applicable à la question qui nous occupe. Ainsi le virus du *Cynips Rosæ* n'a aucune action sur le chêne : c'est qu'entre le support du stimulus et le stimulus il n'y a pas de rapport. Ce fait, vrai pour des espèces éloignées, n'existe plus pour des espèces très voisines; ainsi les chênes de diverses espèces du midi de la France présentent, à quelques exceptions près, la plupart des espèces de galles; et quand nous voyons un même chêne présenter les dix espèces de galles qu'il nous a été permis d'étudier sur ses feuilles, quelle force et quelle vérité ne prend pas le principe de la *spécificité*, de la *qualité* du venin.

« Aussi ces preuves de l'existence de propriétés particulières inhérentes au virus nous paraissent-elles évidentes. On n'a aucune peine à comprendre que les forces varient avec le venin et que tous les caractères secondaires sont dus au mode d'action de celui-ci sur le végétal. La différence des galles n'étonnera pas plus que la différence du chancre et du cowpox. »

Ce n'est pas tout, car « ici, comme en pathologie humaine, la qualité du virus l'emporte de beaucoup sur la quantité ; la quantité n'a aucune part dans les modifications diverses des produits pathologiques ». L'affirmation est prudente, et, en la donnant, M. Lacaze-Duthiers répond par avance aux objections qui pourraient lui être faites sur sa théorie comme il répond à Réaumur qui, ayant connaissance de l'opinion de Malpighi, écrivait « qu'il ne comprenait pas comment la petite gouttelette, qui se trouverait constamment délayée par les sucs qui viennent s'y mêler, suffirait pour opérer une tumeur qui doit croître pendant si longtemps » (1).

La théorie de M. Lacaze-Duthiers a été triomphante jusque dans ces dernières années. L'influence de la piqûre et la spécificité du venin paraissaient donner l'explication des cas les plus complexes. Mais les observations patiemment faites, particulièrement en Allemagne, ont montré que la théorie si ingénieuse du savant professeur de la Sorbonne n'est pas générale. Déjà en 1873, le professeur Thomas, à Ohrdruf, s'est prononcé contre l'explication de la formation des galles par une sécrétion particulière à chaque insecte ; chez les Cécidomyes qui sont gallicoles, il ne peut être question d'une lésion des tissus végétaux, puisque ces insectes n'ont point d'aiguillon. Ils ne peuvent que pousser les œufs entre les écailles des bourgeons avec le tuyau flexible qui termine leur abdomen. Ce n'est que la larve qui en sort qui peut provoquer la formation de la galle. (Voir Diptères : Galles du *Poa nemoralis*.)

En outre, dans les essais d'élevage, les entomologistes cons-

(1) Réaumur. *Loc. cit.*

tatent qu'une quantité de galles avortent, dans certaines années, lors même qu'il est hors de doute que l'œuf a été déposé dans les tissus végétaux. D'où vient cet avortement si fréquent? La théorie de la spécificité du venin est insuffisante pour l'expliquer ; en effet, le venin change-t-il d'une année à l'autre ou faut-il admettre qu'il y a épuisement après un certain nombre de pontes? Mais ne sait-on pas que dans l'action du venin, ce n'est pas la quantité, mais bien la qualité qui est tout? En ce qui concerne les Cynipides, le docteur Adler (1), de Schleswig, a consigné une foule d'observations du plus haut intérêt qui montrent que la formation des galles ne commence qu'à la naissance de la larve et sous l'influence de cette dernière. Aucune réaction ne suit la piqûre de la mère pondeuse. Quand, par exemple, une feuille a été piquée par le *Spathegaster baccarum*, on voit très bien la place où l'aiguillon a pénétré ; mais, pendant quinze jours, jusqu'à l'éclosion de la larve, on ne peut voir aucun changement à l'encontre des cellules, en dehors de la soudure de l'entaille faite à la feuille par l'aiguillon. C'est encore plus frappant chez le *Trigonaspis crustalis*. Quand cette guêpe a piqué en mai les feuilles, il se passe des mois entiers sans qu'aucune trace de formation de galle se montre. Ce n'est qu'en septembre qu'éclôt la larve; ce n'est qu'alors que commence la formation de la galle. M. Beyerinck (2), qui a fait aussi des observations sur les premières phases du développement de quelques galles de Cynips (*Aulax Hieracii*, *Teras terminalis*, *Rhodites orthospinæ*, *Spathegaster Taschenbergi*, etc.), s'exprime dans les mêmes termes. « Ce n'est que lorsque la larve a acquis un certain âge, qu'elle demeure enveloppée dans la membrane de l'œuf ou qu'elle s'en affranchisse comme dans les galles d'*Aulax Hieracii*, que les tissus végétaux environnants commencent à former

(1) Adler. *Génération alternante chez les Cynipides*, trad. et annoté par J. Lichtenstein.

(2) Beyerinck. *Kœnigl. Akademie der Wissenschaften zu Amsterdam*, 1882.

les galles. » Enfin, Paszlavszki (1), qui a fait des recherches intéressantes sur les bédéguars des rosiers, arrive à des conclusions identiques. Mais dans ces conditions, puisque la larve seule est en cause pour construire son habitation, comment comprendre l'excitation des cellules qui l'entourent? Quel est le point de départ de cette prolifération des tissus dont le terme est la formation gallaire. Le docteur Adler (2) a pu saisir chez *Neuroterus lenticularis* et *Biorhiza aptera* le moment précis où la larve éclôt et où le développement de la galle commence. « Au moment où la larve vient à briser la coque de l'œuf, dit l'auteur, et attaque avec ses fines mandibules les cellules qui l'entourent, c'est alors que le processus commence. Cela va si vite, que pendant que la larve a encore le bout de l'abdomen dans la peau de l'œuf, il s'élève devant elle un amas de tissu cellulaire. »

L'action des mandibules de la larve dans le cas particulier est, sans doute, incontestable. Leur action, toute mécanique, peut être comparée à celle de l'aiguillon qui produit la piqûre. Mais ne pourrait-il se déverser en même temps dans la plaie une sécrétion quelconque ? S'il en est ainsi, c'est revenir à la théorie du venin de M. Lacaze-Duthiers, avec cette différence que le venin, au lieu d'être sécrété par la mère, est sécrété par sa progéniture. Quoi qu'il en soit, le docteur Adler admet l'opinion du savant professeur de la Sorbonne, pour une autre classe d'Hyménoptères, les Tenthrédiniens.

« *Le Nematus Vallisnerii*, dit-il, muni d'une tarière délicatement dentée en scie, entaille les feuilles tendres des bourgeons terminaux du *Salix amygdalina*, et pousse ses œufs dans la blessure ouverte, souvent plusieurs sur la même feuille. Mais en entaillant la feuille, il y fait couler une sécrétion

(1) Paszlavszki. A Rozsagubacs fejlodéséol. Budapest, 1882.
(2) Adler. *Loc. cit.* p. 77.

glandulaire particulière. Peu d'heures après la lésion, le limbe de la feuille change d'aspect, et il se déclare une abondante formation de nouvelles cellules qui forme bientôt un épaississement nettement circonscrit de la feuille; quinze jours après, la galle en forme de fève, de couleur verte et rouge, est complètement formée.

Si on l'ouvre à ce moment-là, on trouve encore l'œuf dans la cavité centrale; le développement embryonnaire n'est pas terminé, ce n'est que trois semaines après que doit paraître la larve. Elle trouve tout autour d'elle la nourriture préparée. Dans ce cas, c'est bien la lésion produite par la guêpe qui a provoqué l'activité cellulaire nécessaire à la formation de la galle. M. le docteur Henneguy, préparateur au Collège de France, a observé aussi que le phylloxera, avant de se fixer définitivement dans une galle, pique plusieurs fois la même feuille. A chaque piqûre correspond toujours une formation gallaire plus ou moins développée. Il en serait de même pour le *phytoptus*, d'après Franck. Thomas a observé une feuille de *Prunus padus* qui présentait des galles de *phytoptus*. Un certain nombre de galles renfermaient plusieurs insectes et vingt et une n'en renfermaient qu'un seul ; il en restait sept qui étaient désertes. Franck pense qu'elles n'avaient jamais été habitées et qu'elles s'étaient produites au moment des piqûres.

L'expérimentation a été tentée à diverses reprises, mais elle n'a guère permis jusqu'ici d'enregistrer des données précises et surtout définitives: cela tient essentiellement aux difficultés mêmes de cette étude, mais aussi, il faut bien le constater, aux idées préconçues qui ont guidé les naturalistes. Ceux-ci, en effet, ont eu principalement pour objet de trouver en défaut telle ou telle hypothèse pour en faire triompher une autre et ils n'ont pas manqué d'interpréter dans le sens le plus favorable pour leurs idées les résultats un peu vagues de leurs observations.

Avec M. Maxime Cornu, nous entrons dans une période d'expérimentation réellement scientifique ; malheureusement M. Maxime Cornu a été presque seul à s'engager dans cette voie et, tout en rendant hommage au talent déployé par ce savant dans ses « Etudes sur le phylloxera vastatrix », on ne peut s'empêcher de regretter que de nouvelles expériences ne soient pas encore venues confirmer ou infirmer l'intéressante théorie mise en avant pour expliquer la production des renflements sur les radicelles de la vigne.

« L'action du phylloxera sur les radicelles, dit M. Cornu, peut être rapportée à trois causes : la piqûre, le liquide irritant qu'il dégorge en ce point et la succion du liquide cellulaire de la région qu'il occupe. Pour sortir du vague des raisonnements et des spéculations et afin de juger les faits par l'expérience, j'ai voulu voir si les renflements des racines, les galles des feuilles et des tiges étaient dus à la piqûre du suçoir du phylloxera et à l'introduction d'un liquide irritant dans les tissus ou à une cause différente de ces deux-là. »

« Sans doute, ajoute M. Cornu, il y a des différences énormes entre les conditions de l'expérience et l'action de l'insecte ; mais il y a aussi quelques analogies et la marche générale de l'altération produite artificiellement peut montrer si l'on est ou non dans la voie des explications admissibles. »

Les détails de l'expérimentation sont consignés tout au long dans l'intéressante étude de M. Cornu ; nous ne pouvons qu'en détacher les points les plus essentiels. Le suçoir très délié de l'insecte est remplacé par un tube de verre capillaire qui, en vertu des lois de la capillarité, aspire une portion du liquide contenu dans les cellules auxquelles il aboutit. Les vignes de la serre de Cognac, qui émettent à l'air libre une assez grande quantité de radicelles adventives, réalisaient des conditions exceptionnellement favorables pour l'expérimentation ; c'est sur leurs radicelles que M. Cornu implanta les tubes capillaires qu'il avait préparés avec le plus grand soin.

Voici la conclusion de cette expérience intéressante.

« La piqûre des tubes capillaires a produit, dit l'auteur, un effet notable sur la radicelle, effet nuisible d'ailleurs sur le point végétatif; elle a déterminé une activité ou, si l'on veut, une irritation végétative dans la région voisine; mais l'action produite est extrêmement différente de celle que l'insecte détermine, puisqu'il y a eu altération du point végétatif et qu'il n'y a pas eu *courbure* au point piqué, fait capital et qui caractérise les renflements. Cette courbure est la conséquence particulière non de la piqûre mais de la succion. Le résultat de notre expérience nous le montre : l'effet de la succion l'emporte, dans les renflements radicellaires, sur celui de la blessure. »

Pour juger si l'action de l'insecte dans la production des renflements ou des galles est due au liquide irritant qu'il dégorge dans le point où il se trouve, M. Cornu fait, tant sur les radicelles que sur la tige et les feuilles, des piqûres avec des tubes capillaires préalablement plongés dans des liquides irritants, c'est-à-dire les uns dans de l'acide acétique cristallisable étendu de quatre parties d'eau et les autres dans de l'acide sulfurique du commerce étendu de dix parties d'eau.

Les tiges et les feuilles moururent. Des trois radicelles ainsi traitées, « l'une fut frappée de mort, l'autre présenta, comme dans le cas d'une piqûre simple, une extrémité végétative modifiée et mamelonnée ; la troisième présenta une altération semblable, mais moindre, sous l'action de l'acide sulfurique. »

« Dans ces cas, ajoute M. Cornu, il y eut stérilisation du point végétatif et hypertrophie dans la région piquée ; il y eut une irritation locale dans toute cette région, formation d'un bourrelet celluleux, mais il n'y eut pas une dépression autour de la piqûre... Pour l'instant, nous venons de montrer que ni la piqûre seule, ni l'action d'un liquide irritant joint à cette piqûre ne déterminent cette dépression. »

Ces résultats ne pouvaient qu'exciter à de nouvelles recherches l'esprit investigateur de M. Cornu : c'est alors que ce savant se livra à l'étude anatomique des organes souterrains de la vigne à partir de leur état jeune et normal jusqu'à la production et la destruction des renflements qui y sont déterminés par le phylloxera. Cette étude est la plus complète que nous ayons à ce sujet et nous pouvons la considérer comme absolument définitive, avec d'autant plus de raison, au reste, que M. Cornu appartient à l'école de M. Van Tieghem qui a une si grande influence sur le développement de l'anatomie végétale en France.

Il n'entre pas dans le cadre de ce chapitre de suivre M. Cornu dans cette partie de son travail. Nous n'avons qu'à enregistrer la théorie nouvelle que ce savant a donnée comme conclusion de l'évolution progressive des renflements radicellaires de la vigne.

Le fait matériel et indiscutable qui ressort des observations que nous n'avons pu que signaler, c'est que « les cellules situées vis-à-vis de l'insecte sont frappées d'un arrêt de développement ». Cet arrêt de développement explique « de la façon la plus naturelle et par l'influence de causes mécaniques » la production des renflements sous l'action du parasite. En effet, dit M. Cornu, les divers éléments sont réunis entre eux de telle façon que si les uns ne s'accroissent plus, tandis que les autres continuent à s'accroître, ceux-ci seront soumis incessamment à des tractions et à des tensions dont l'effet immédiat est d'accroître leurs dimensions ; bientôt des cloisonnements se produisent dans ces cellules, d'où prolifération et renflement.

La cause même de l'arrêt de développement des cellules voisines du parasite est facile à saisir, dit M. Cornu. « Le phylloxera enfonce son suçoir vis-à-vis du point végétatif ; les nouvelles formations contiennent dans l'intérieur de leurs cellules le plasma nécessaire à leur évolution. Le parasite épuise directement le contenu de quelques-unes d'entre elles; les cellules voisines se vident de même, par endosmose, des substances solubles qu'elles contiennent, et la réserve nutritive nécessaire à la cellule se dépense. Or l'élongation de la radicelle est très rapide; dans plusieurs cas, elle est supérieure à 1 centimètre par jour. Tandis que d'un côté de la radicelle l'allongement continue, du côté de l'insecte il ne peut avoir lieu aussi rapidement... L'arrêt dans l'élongation s'explique très suffisamment par l'absorption d'une certaine quantité du contenu des cellules... En résumé, l'absorption des liquides nourriciers dans les cellules jeunes, par le phylloxera, arrête l'accroissement des cellules voisines du point qu'il a choisi; cet arrêt détermine la dilatation des autres éléments et est ainsi la cause première de la mort de la radicelle. »

Telles sont les principales théories émises pour l'explication de la formation des galles sous l'influence d'un animal vivant : ainsi que nous avons essayé de le faire resortir, chacune d'elles marque un pas nouveau vers la connaissance de cet important phénomène biologique, chacune d'elles est une étape nouvelle vers la méthode purement expérimentale. Rédi, Malpighi et Réaumur lui-même bâtissent en partie leurs théories dans le domaine de la spéculation.

M. Lacaze-Duthiers entre le premier dans le domaine des faits, guidé par ses remarquables recherches sur l'armure génitale des insectes. Nous avons vu comment il avait été suivi dans cette voie par des savants étrangers. Enfin M. Maxime Cornu demande à l'expérimentation directe, au sujet des galles phylloxériques, la solution de la question. Mais les expériences ne sont pas encore assez nombreuses et n'ont pas été faites sur des cas suffisamment variés. Aussi après avoir passé en revue ces diverses théories, l'esprit ne se trouve entièrement satisfait par aucune d'elles, et ne pouvant très souvent se résoudre à en accepter une seule au détriment des autres, il prend suivant les cas les effets de stimulation, de tension ou de succion. La nature des rapports intimes qui s'établissent dès leur contact entre les cellules végétales et l'œuf ou le jeune embryon nous échappe encore. Une foule de facteurs doivent intervenir, liés entre eux par une solidarité plus ou moins étroite. La physiologie les découvrira sans doute. En attendant, on peut dire avec assez de raison, je crois, à cause même des dissemblances qu'il nous a été permis d'observer, qu'une grande obscurité règne encore sur le problème.

DÉVELOPPEMENT ET STRUCTURE DES GALLES

Quelle est la nature du tissu dans lequel la galle prend naissance? Comment se différencie-t-il? Quelles sont les conditions qui président à cette différenciation et à la constitution définitive d'une galle?

Différents auteurs, Adler, Beyerinck, Prilleux, Franck, Paszlovszki, se sont efforcés de répondre à ces questions en ayant particulièrement en vue les galles du chêne ou du rosier produites par des Cynipides. Ce sont les résultats auxquels ils sont arrivés que nous nous proposons de développer ici.

Deux cas paraissent devoir être distingués au point de vue de la nature du tissu sur lequel la galle se développe.

1° C'est un tissu de cambium, un tissu jeune, dont les cellules ne sont pas encore transformées en tissu fixe, mais se trouvent dans une période d'actif développement.

2° C'est un tissu différencié, plus ou moins ancien, dont les cellules ont pris plus ou moins une forme définitive en s'adaptant à un rôle quelconque dans l'économie de la plante.

Or, qu'arrive-t-il lorsqu'une galle se forme soit autour

d'un œuf, soit autour d'une larve nouvellement éclose? La première phase du développement consiste en une multiplication cellulaire.

S'il s'agit d'un tissu jeune, homogène, comme celui d'une feuille en voie d'évolution dans le bourgeon, toutes les cellules tant celles de dessus que celles de dessous sont aptes au même développement. Elles prennent également part à la formation de la galle qui fait saillie alors des deux côtés du limbe folliculaire. C'est là un type parfait de galle interne. Plus tard, si elle se développe assez, elle traversera la feuille qui présentera une lacune à ce niveau.

S'il s'agit au contraire d'un tissu âgé, les cellules se multiplieront encore avec une énergie inégale suivant le degré de différenciation de chacune d'elles, mais en définitive, elles donneront naissance à un méristème dont les éléments petits, remplis de plasma avec des noyaux très développés, présenteront tous les caractères d'un tissu primordial. Les cellules reviennent ainsi à la forme embryonnaire pour constituer le foyer de la production morbide. Ce retour des cellules à la forme indifférente ou primitive peut être rapproché de celui qui se produit pour le développement de tumeurs variées dans les tissus perfectionnés de notre organisme. C'est dans les cellules en palissade de la face supérieure de la feuille qu'on trouve un exemple frappant de cette rétrogradation cellulaire; mais c'est un exemple rare. La segmentation se passe plutôt dans les cellules moins stables de la partie inférieure du mésophylle. Dans ces conditions, la galle viendra faire saillie uniquement au-dessous du limbe folliculaire comme vers un point de moindre résistance. Si elle continue à se développer, elle finira par n'être plus rattachée à la feuille que par une base étroite. Nous aurons affaire à une galle externe.

Somme toute, que la galle se forme dans un organe jeune, dont tous les éléments sont homogènes, ou dans un organe définitif, dont les éléments sont plus ou moins différenciés, il en résulte, en raison même de la formation d'un tissu primordial accidentel au sein de ce dernier, que c'est toujours un même méristème qui est le point de départ d'une galle. Ce sera aux dépens de la croissance et des modifications ultérieures de ce méristème que se constituera tout entière la production gallaire. D'après Beyerinck (1), la première modification produite, consiste dans une croissance très lente du méristème ou *gallplastem* au voisinage immédiat de la place qu'occupe l'œuf ou la larve. Il s'ensuit qu'il se forme un sillon qui circonscrit d'abord l'œuf, s'élève autour de lui et finit par se refermer par-dessus en le recouvrant tout entier. L'œuf se trouve ainsi enfermé dans une cavité. C'est la chambre larvaire. Celle-ci se forme par un processus un peu différent dans les galles du *Dryophanta folii*. L'œuf est déposé en dedans de l'anneau des faisceaux fibro-vasculaires d'une grosse nervure de feuille. Le méristème fondateur de la galle prend naissance dans le liber des faisceaux dont le bois est en rapport immédiat avec l'œuf. Peu de temps après sa naissance, ce méristème se résorbe dans la portion qui est en contact avec le corps de l'œuf, d'où il résulte finalement un espace libre dans l'intérieur duquel se développe la larve. Quel que soit son mode de formation, la chambre larvaire grandit. Elle doit se prêter, au début, à la croissance de son habitant.

D'après les recherches de Prillieux (2) sur les galles des *Spathegaster vesicatrix*, *S. baccarum* et *Andricus curvator* et celles de Franck (3) sur *les galles des* CYNIPS REAUMURI en particulier, le tissu environnant présente constamment trois couches distinctes, une interne désignée par Lacaze-Duthiers sous le nom de couche nutritive, une moyenne ou zone pa-

(1) Beyerinck. *Kœnig. Akademie der Wissenschaften zu Amsterdam*, 1882.
(2) *Ann. sc. nat., bot.*, t. II, 1876, p. 113.
(3) *Krankheiten der Pflanzen*. Breslau, 188', p. 764.

renchymateuse et une externe représentée par l'épiderme. D'après Prillieux, la couche interne ou couche nutritive se montre partout avec les mêmes caractères. Les cellules qui la constituent ne ressemblent à aucune de celles que l'on peut observer dans les organes de végétation des plantes supérieures. « Elles sont très grosses, globuleuses, peu pressées les unes contre les autres, et se remplissent d'une substance finement granuleuse, opaque, azotée, sorte de protoplasma granuleux à l'intérieur duquel on distingue dans chaque cellule un noyau très grand avec un nucléole et très souvent des gouttelettes d'huile. Elles se colorent en jaune sous l'action de l'iode, tandis qu'à l'extérieur de cette zone, le tissu homogène de la galle encore peu développée est rempli de fécule et se montre coloré en violet. » M. Prillieux fait remarquer que le dépôt de fécule se fait hors de la portée de la larve. Ce n'est pas la fécule, mais la matière granuleuse azotée et mélangée de gouttelettes de graisse qui est directement consommée par l'animal.

La couche moyenne ou zone parenchymateuse subit un grand nombre de différenciations. Les plus constantes sont : 1° au voisinage de la couche nutritive, l'existence d'une assise de cellules spéciales formant dans la galle un noyau comparable à celui d'une drupe; c'est la couche de cellules pierreuses ou couche protectrice de Lacaze-Duthiers. La paroi de ces cellules est fortement épaissie, ponctuée, lignifiée; 2° au contact de la couche protectrice dont nous venons de parler, la présence de faisceaux fibro-vasculaires nettement constitués. Dans quelques galles, celles du *Trigonaspis megaptera*, par exemple, ils offrent une structure concentrique. Le bois est au centre et le liber fait tout le tour. Ces faisceaux sont en continuité avec les nervures de la feuille par un espace circonscrit de la base de la galle. Les vaisseaux du bois sont généralement hypertrophiés, beaucoup plus grands que les vaisseaux des nervures. Parfois au lieu de se développer en tubes, ils prennent en largeur un développement anormal. S'il s'agit d'une galle externe, la production morbide, à un moment donné, soulève l'épiderme de la feuille et le déchire. Un épiderme nouveau se reconstitue à la surface de la galle. Un tissu cicatriciel toujours facile à reconnaître correspond à l'endroit de la galle où la piqûre de l'insecte a été faite. Toutes les galles passent par les phases que nous venons d'indiquer jusqu'ici et offrent à ce stade une structure à peu près identique. Si la galle prend peu de développement, elle peut rester cachée dans l'intérieur des tissus ou les soulever à peine; si, au contraire, elle acquiert de grandes dimensions, elle fait saillie au dehors et ne demeure parfois rattachée au tissu d'origine que par un petit pédicule. C'est là, du reste, une différence peu importante, et voilà pour quelle raison les dénominations de *vraies galles internes* appliquées aux premières et de *galles externes* appliquées aux secondes ne paraissent plus devoir être admises aujourd'hui. L'accroissement de la galle paraît se faire plus particulièrement aux dépens de la portion interne de la zone parenchymateuse qui avoisine la couche protectrice et dans laquelle se montrent les faisceaux fibro-vasculaires avec toutes leurs anastomoses.

Les couches cellulaires qui viennent s'ajouter à celles que nous avons décrites pour constituer le manteau de la galle varient à des degrés divers dans les diverses galles. Les noms de couche sous-épidermique, couche spongieuse, etc., donnés par Lacaze-Duthiers, n'ont aucun sens général. Si la couche nutritive est caractérisée au point de vue chimique, les couches périphériques ne le sont pas moins quels que soient leur nombre et leur nature morphologique. Elles sont riches en tannin, dont la quantité varie avec chaque espèce de galle et renferment parfois des cristaux d'oxalate de chaux (1). C'est dans

(1) Dans des coupes de noix de galle que M. Hérail, de l'Ecole de pharma-

ces mêmes couches que se déposent, par un mécanisme évidemment inconnu, tous ces pigments variés qui donnent aux galles leur richesse en couleur. C'est à leurs dépens aussi que se forment ces pilosités de diverse nature, filaments, aiguillons, etc., dont le but principal est de fournir à la galle des moyens de protection. D'après Adler, les galles glabres de l'*Aphilotrix Sieboldi*, sont exposées aux attaques de divers parasites des genres *Torymus* et *Synergus*. « Il est intéressant d'observer, dit-il, comment une des propriétés de cette galle devient un moyen indirect de protection. L'enveloppe rouge et juteuse exsude une sécrétion gommeuse très recherchée par les fourmis. Pour pouvoir jouir de cette liqueur sans être dérangées, les fourmis construisent avec de la terre et du sable un revêtement complet autour des galles et fournissent ainsi à leurs habitants la meilleure protection contre leurs ennemis. »

Les galles renferment une ou plusieurs cavités dont la destination est de loger un ou plusieurs habitants. Elles sont dites uniloculaires dans le premier cas et multiloculaires dans le second. Les particularités que présentent les galles uniloculaires s'observent dans les galles multiloculaires, sauf des différences accessoires dans les rapports des loges entre elles.

Ainsi constituée avec sa chambre larvaire et ses couches environnantes, la galle des Cynipides forme un type morphologique très net, autour duquel se rangent, avec certaines variations que nous ferons connaître en faisant l'histoire de chacun des groupes, des galles appartenant à des animaux divers, coléoptères, diptères, etc. Certains auteurs ont appliqué à ce type morphologique la désignation de noix de galle, sans doute parce que la noix de galle vraie, la noix de galle du chêne, représente le type le plus parfait de ce mode de

cie, a eu l'obligeance de nous montrer, nous avons pu constater la présence de ces cristaux qui étaient d'un volume démesuré et d'une abondance considérable.

construction gallaire. Ainsi ils disent, par exemple, noix de galle des Cécidomyides, séparant par ce seul mot les galles à chambre larvaire des nombreuses fausses galles qu'on observe dans le même groupe.

Deux conditions essentielles président à la constitution définitive d'une galle : la vie de la larve et l'activité de la végétation. Lorsque la larve est menacée dans son existence par la présence d'un parasite et qu'elle vient à périr, la galle qu'elle habitait est frappée d'un arrêt de développement ; elle reste petite et se montre parfois avec une différence si grande qu'elle pourrait être regardée comme une espèce distincte. Les essais d'élevage montrent aussi que le développement de la galle cesse quand la période végétative éprouve elle-même un arrêt, et c'est pour cela que l'on voit la plupart des galles se former dans le courant d'une année. Mais le grand régulateur de la construction gallaire, c'est l'habitant lui-même. Nous devons à M. le professeur J. E. Planchon les considérations suivantes : Qu'arrive-t-il lorsqu'une galle prend naissance sur un organe caduc, comme un chaton de chêne par exemple? Le chaton devient persistant. C'est à la maturité complète de la galle seulement qu'il se détache et tombe absolument comme le pédoncule d'un fruit dont le développement est achevé. Cette durée anormale d'un organe caduc est ici liée à la vie de l'être qu'il porte. La plante est obligée de fournir à son hôte un tribut de nourriture. Si le chaton du chêne tombait de sa branche comme à l'état normal, la galle qui s'est formée dans ses tissus ne continuerait pas à se développer, malgré toutes les conditions physico-chimiques déterminées, telles que eau, chaleur et température. Par conséquent, la vie de l'animal galligène serait compromise ainsi que la reproduction de son espèce. D'après M. J. E. Planchon, c'est sans doute de la même manière qu'on doit envisager la persistance sur le rameau qui les porte des figues soumises à la caprification.

Ce sont là, il faut l'avouer, de bien curieux rapports entre les êtres des deux règnes.

ANIMAUX GALLIGÈNES. — PARASITES DES GALLES

La plupart des insectes gallicoles passent l'hiver dans la galle qui reste attachée à la plante ou qui tombe sur le sol Ils hivernent, soit comme larves, et alors les métamorphoses s'accomplissent au printemps, soit comme insectes parfaits. Quelques-uns, cependant, après avoir déserté leurs galles passent dans un endroit abrité quelconque tout le temps de la saison froide.

La sortie de l'insecte est indiquée sur la galle par la présence d'un ou de plusieurs trous à sa surface. Ces trous correspondent au nombre des chambres larvaires. Certains insectes prévoyants s'occupent de percer les parois de la galle, déjà sous la forme larvaire, parce que l'appareil buccal de l'état adulte se montrerait insuffisant pour accomplir cette besogne. Pour faire ressortir l'instinct merveilleux qui guide l'insecte dans cette circonstance, nous n'avons qu'à enregistrer l'observation du grand Réaumur (1), au sujet d'une plante, le *Limoniastrum guionanum* dont la galle a fourni une étude intéressante à M. le professeur Laboulbène (2) en 1857.

L'insecte fut observé par Réaumur dans des galles qu'il avait reçues de l'île de Chypre, où elles avaient été prises sur une espèce de *Limonium*. « J'ai ouvert plusieurs de ces galles,

(1) Réaumur. *Histoire des Insectes*. Mém. XII, p. 448, t. III.

(2) Laboulbène. Annales de la Soc. entom. de France, 3e série, Ve Bulletin, p. 61.

dit-il, dans chacune desquelles j'ai trouvé la chenille morte et sèche... Quoique cette chenille ne fût plus en vie, il m'a été aisé de deviner quelques-uns de ses procédés ; elle ronge apparemment les parois intérieures de la galle. Quand le temps où elle doit se métamorphoser approche, elle perce avec prévoyance la galle d'outre en outre ; cette chenille de la galle de *Limonium* doit se transformer en papillon dans la galle même ; pendant qu'elle est chenille, pendant qu'elle a des dents, elle perce un trou qu'elle ne pourra percer quand elle sera papillon, et qui sera la porte qui permettra au papillon de sortir de sa captivité. »

MM. Lacaze-Duthiers et Riche (1) ont étudié avec beaucoup de soin l'alimentation et le mode de vie des insectes gallicoles. « Il est curieux, disent-ils, de remarquer que les larves des Cynips, qui sont si grasses et si bien développées, se trouvent placées exactement dans les conditions que l'on recherche pour l'engraissement !

« Enfermées dans une loge où elles ne peuvent se mouvoir qu'avec peine, elles sont condamnées à un repos presque absolu ; aussi la respiration doit-elle être bien peu active, circonstance toujours précieuse, on le sait, pour le développement de la graisse. Une autre cause fait aussi que cette fonction doit être lente : les couches de tissu qui enveloppent la loge centrale sont épaisses et souvent très résistantes ; si elles n'empêchent pas l'air d'arriver, elles ne permettent pas du moins qu'il se renouvelle avec beaucoup de facilité. Et sans vouloir pousser la comparaison au delà des limites qu'elle comporte, nous ne pouvons nous empêcher d'observer que le repos, l'isolement, la tranquillité et l'obscurité où les agriculteurs placent leurs animaux à l'engrais, se trouvent ici réunis pour des larves qui se trouvent toujours remarquablement grasses. »

(1) De Lacaze-Duthiers et Riche. *Mémoire sur l'alimentation de quelques insectes gallicoles et sur la productions des graisses*. Ann. sc. nat., 1853.

Les larves des insectes gallicoles sont aveugles. C'est là une curieuse particularité, dont la production corrélative au développement des mœurs de ces animaux s'explique comme tous les cas de cécité que présentent les animaux soustraits à l'influence de la lumière, c'est-à-dire par un défaut d'usage des organes de la vision, la lumière étant l'excitant normal de ces organes. Le défaut d'usage d'un organe amène son atrophie ; à mesure qu'elle augmente, elle se transmet avec d'autant plus de force par hérédité.

On a remarqué que les larves cannibales qui vivent dans la galle pour se repaître, à un moment donné, de la larve gallicole, quoique soumises aux mêmes conditions que cette dernière, sont plus élancées, portent des pseudopodes et peuvent se mouvoir. Comment expliquer cette différence? La raison en est sans doute dans ce fait, que les phénomènes d'adaptation sont moins anciens, pour les larves cannibales que pour les larves véritablement gallicoles.

« Tout être organisé, dit Darwin, se multiplie naturellement avec tant de rapidité que, s'il n'était détruit, la terre serait bientôt couverte par la descendance d'un seul couple. » Mais un certain nombre d'entre eux sont destinés à disparaître dès le début de leur existence, les organismes ont à lutter, non seulement pour procurer les éléments nécessaires à leur subsistance, mais encore pour échapper à leurs ennemis mortels, bêtes de proie ou parasites. Chez les insectes gallicoles, les rapports de vie se manifestent à nos yeux sous des aspects différents, mais parfois par une hostilité flagrante. A toute époque, les observateurs ont constaté qu'une même galle peut servir de demeure à plusieurs habitants. Parmi ceux-ci, tous n'ont pas également droit à la demeure. Les uns sont les vrais habitants, les propriétaires, si l'on veut. Ce sont eux qui ont fondé la galle. Les autres sont simplement locataires. On peut désigner par ce nom les insectes ou autres petits animaux qui habitent, à un titre quelconque, des galles à la formation desquelles ils sont étrangers. M. Beauvisage (1) divise les locataires des galles en trois groupes qu'il caractérise d'une façon très-précise par les dénominations de *parasites*, *commensaux* et *successeurs*.

On désigne vulgairement sous le nom de parasite (παρά, à côté, et σῖτος, grain, aliment) tout être qui vit aux dépens d'un autre. C'est dans le groupe des insectes qu'on trouve des exemples parfois remarquables de vie parasitaire.

« C'est surtout parmi les insectes hyménoptères, que l'on voit en action l'instinct de la mère à la recherche de l'endroit qui convient à sa progéniture. Je ne rappellerai pas ce que les naturalistes ont signalé souvent avec admiration de ces mœurs des divers Ichneumoniens, Draconides, Ptéromaliens. Qui n'a lu l'histoire de ces petits hyménoptères, dont la larve est parasite des larves gallicoles? A peine la mère de celle-ci a-t-elle déposé un œuf sous l'épiderme d'une plante où se développera une galle, que l'Ichneumon qui la surveille y vient déposer le sien d'où sortira plus tard le parasite de l'insecte de la galle (2). »

Le parasite n'a pas intérêt à tuer sa victime. Il faut, au contraire, pour assurer sa propre existence que la vie de son hôte soit sauve. Selon la pittoresque expression de Van Beneden, il « pratique le précepte de ne pas tuer la poule pour avoir ses œufs ». Ce principe qui offre une très grande généralité, peut s'appliquer même aux Ichneumonides dont la cruauté envers leurs hôtes ne peut aucunement être mise en doute; en effet, d'une part, les larves d'Ichneumons qui habitent les galles attendent que les larves fondatrices soient développées avant d'en faire leur proie ; d'autre part celles qui dévorent les chenilles dans lesquelles elles se développent cherchent à leur conserver la vie le plus longtemps possible.

(1) Beauvisage. *Galles utiles*, Thèse d'agrégation, 1883.
(2) Laboulbène. Art. *Parasitisme*, Dictionnaire Encycl.

Les vrais parasites des galles amènent tôt ou tard la mort du propriétaire en se nourrissant de sa propre substance.

Il arrive rarement alors que le développement de la galle s'achève par la présence des nouveaux habitants. Il est plus fréquent de constater un arrêt de développement ou de malformations plus ou moins bizarres. M. le professeur Laboulbène (1) a observé un exemple remarquable de déformation gallaire chez le *Neuroterus lenticularis*. Or, il faut savoir que la galle elle-même, sur laquelle M. de Lacaze-Duthiers n'a pas pu découvrir des stomates, a été considérée comme un parasite sur la plante qui la porte; on a pensé que ce parasitisme n'avait d'autre but que de favoriser l'être qu'il renferme. Sans doute, la plante ne peut que souffrir d'une production morbide, mais la galle elle-même en tant que tumeur profite des avantages d'une bonne association. Et comme l'association parasitaire n'a lieu que dans des limites assez étroites, si le parasite étranger est par trop différent de l'habitant légitime, la galle sera frappée d'un arrêt de développement et pourra présenter toutes les variétés de monstruosité.

Un exemple qui montre combien les associations parasitaires peuvent s'établir à des degrés divers, c'est le cas très remarquable du *Synergus melanopus* rapporté par Mayr. Ce parasite fait périr, par sa présence, dans leurs galles respectives, les *Cynips caput-Medusæ*, *C. glutinosa*. *C. tinctoria*, et ce même *Synergus melanopus*, dans la galle du *Cynips polycera*, vit à côté de celui-ci sans nuire le moins du monde à son développement.

Tandis que le parasite vit aux dépens de son hôte, et qu'à chaque instant il menace sa santé ou sa vie, le commensal ne lui demande qu'à partager la nourriture. Avec le commensal la concurrence vitale est plus atténuée qu'avec le parasite.

(1) Laboulbène. *Mémoires de la Société de biologie*, 4e série, t. V, p. 217-219. 1869.

« Dans la galle en voie de développement, des femelles d'Hyménoptères térébrants appartenant à divers groupes viennent pondre un ou plusieurs œufs qu'elles déposent au milieu des tissus constitutifs de la galle. Deux cas principaux peuvent s'offrir, d'après M. Beauvisage (1) : les œufs sont déposés dans la chambre larvaire, au milieu des cellules de la masse alimentaire, soit dans le parenchyme périphérique.

« Dans le premier cas, les larves qui en sortent se nourrissent aux dépens des provisions alimentaires de la larve propriétaire, et, suivant le nombre et le degré de voracité des nouveaux venus, celle-ci peut continuer à vivre, malgré les conditions fâcheuses où elle se trouve, ou bien, ce qui paraît arriver plus fréquemment, elle meurt d'inanition.

« Dans le second cas, les larves locataires se nourrissent aux dépens du parenchyme de la galle, qui ne paraît jouer qu'un rôle de protection et d'isolement vis-à-vis de la larve galligène ; cette dernière ne souffre nullement de leur présence et se développe dans des conditions normales. »

Les locataires de la galle sont, vis-à-vis de l'habitant régulier, dans le premier cas ses commensaux, dans le second simplement ses *voisins*.

Les *successeurs* sont tous les locataires qui viennent dans des conditions diverses, occuper la demeure abandonnée par le véritable habitant. Tantôt, ce sont des larves qui trouvent dans la galle un refuge tout préparé pour abriter leur phase de nymphe ; tantôt même ce sont des insectes parfaits qui se retirent dans une de ces retraites inoccupées pour se garantir de leurs ennemis ou pour déposer leurs œufs dans de bonnes conditions de sécurité pour les couvées futures.

Le Dr Mayr (2) a fait une étude approfondie des parasites des galles. Depuis 1870, cet infatigable travailleur n'a pas

(1) Beauvisage. *Loc. cit.*, p. 25.

(2) G. Mayr. *Die Einmiethler der Mitteleuropæischen Eichengallen.* (Verhandl. der K. K. zool. bot. Gesellschaft in Wien, 1872, XXII, p. 669.)

cessé de consacrer à peu près chaque année un mémoire à un groupe quelconque d'entre eux. Mais ses recherches portent presque uniquement sur les Cynipides galligènes de l'Europe centrale qu'il distribue presque tous dans les genres *Synergus* *Sapholytus*, *Ceroptres* et *Aulax*. Il ne donne pas de classification générale.

Dans l'étude des nombreuses galles qne nous avons à faire, il est impossible d'indiquer d'avance les parasites divers qui les habiteront. Aussi c'est à propos de chacune d'elles, ou plutôt à propos des plus intéressantes ou des plus utiles à connaître que nous nous efforcerons autant que possible de signaler, à côté des fondateurs ou propriétaires, les locataires divers, commensaux ou parasites.

CLASSIFICATION DES GALLES

La forme des galles a pu servir de base à Hammershmit pour établir une classification de ces productions morbides. Cette base n'est pas scientifique. Les formes que revêtent les galles sont très nombreuses et très différentes. Une classification semblable ne peut être d'aucune utilité.

Réaumur partageait les galles en trois classes principales:

Première classe. — Galles creusées d'une cavité générale ou de plusieurs cavités secondaires communiquant entre elles et logeant un grand nombre d'insectes (galles en vessie des Pucerons).

Deuxième classe. — Galles creusées de plusieurs loges séparées où les insectes vivent séparés.

Troisième classe. — Galles simples à une loge.

M. Lacaze-Duthiers admet un groupement plus naturel et plus précis. Il admet trois classes de galles :

Première classe. — Galles externes, quand le tissu nouveau est placé en dehors du végétal. Telles sont les galles pédiculées du chêne.

Deuxième classe. — Galles s, quand lenternie tissu nouveau est placé à l'intérieur des organes mêmes. L'auteur distingue de ces dernières productions, sous le nom de *fausses galles internes*, celles chez lesquelles les insectes, au lieu d'être placés à l'intérieur même de l'organe, sont placés à sa surface, simplement protégés par lui dans des anfractuosités.

Troisième classe. — Galles mixtes, quand les deux caractères précédents sont réunis.

Nous avons essayé de démontrer en étudiant le développement de ces productions morbides que la distinction établie entre les vraies galles internes et les galles externes n'était pas justifiée. La dénomination de galles mixtes ne répond à rien de précis et ne peut aucunement satisfaire l'esprit. Cependant les termes de *vraies galles* et de *fausses galles* souvent employés méritent d'être conservés, les premiers pour désigner les galles closes, telles que la noix de galle, les seconds pour désigner celles qui sont toujours munies d'une ouverture à un moment donné, comme les galles en vessie des Pucerons ou des Acariens, par exemple. Ces deux dénominations répondent à deux séries bien naturelles, et à des caractères précis dont la notion exacte est assez répandue.

Les classifications actuellement admises dans la science reposent sur une autre base que la structure anatomique et le siège des galles. C'est en prenant pour point de départ les parasites qui donnent naissance à ces productions, les *Cécidozoaires* et les *Cécidophytes*, pour employer les mêmes termes que le professeur Thomas, qu'on arrive à placer dans un ordre méthodique le nombre prodigieux de galles qui se trouve dispersé dans l'immensité du règne végétal sur les p'antes les plus diverses. Aujourd'hui, tous les savants qui étudient les productions gallaires adoptent pour leurs descriptions un ordre purement zoologique, Ainsi l'on dit : *acaro-cécidies*, *diptéro-cécidies*, etc., attachant ainsi un lien entre la galle ou cécidie et l'animal qui la produit. Nous avons déjà vu qu'on donnait le nom de *myco-cécidies* aux galles produites par les champignons.

Nous suivrons pour notre exposition des galles l'ordre généralement adopté dans les traités classiques de pathologie végétale. Nous passerons successivement en revue les galles produites par chaque groupe zoologique ; nous commencerons par les ordres d'Insectes gallicoles, nous continuerons par les Arachnides et les Rotateurs et nous terminerons par les champignons. Comme le cycle biologique de l'animal galligène est souvent intimement lié à la production gallaire, nous aurons la précaution de le décrire, chaque fois qu'il présentera suffisamment d'intérêt.

DEUXIÈME PARTIE

DES DIVERSES ESPÈCES DE GALLES

COLÉOPTÈRES.

Les galles produites par les coléoptères sont relativement en petit nombre, eu égard au nombre considérable de genres et d'espèces qui représentent cette classe d'insectes. C'est la ponte d'un œuf au sein d'un tissu végétal qui détermine la formation gallaire. Celle-ci se caractérise par un renflement de forme variable du tissu originel et présente dans son intérieur une chambre larvaire complètement fermée comparable à celle des galles des Cynipides. Ordinairement l'insecte qui l'habite déserte sous forme de larve et gagne le sol pour atteindre l'état parfait. D'après Franck (1), les principales galles de coléoptères sont produites par les espèces suivantes :

1º *Ceuthorhynchus sulcicollis* Gyl. La larve dont la taille est de 5 à 6 millimètres, et sans pattes, vit dans des galles plus ou moins sphériques, situées sur la racine de toute espèce de *Brassica*. C'est au niveau du collet de la racine, au-dessous des feuilles radicales, que la mère insecte a fait avec sa trompe une blessure dans le tissu végétal. Dans cette blessure, elle a poussé un œuf. La formation gallaire ne paraît commencer qu'au moment de l'éclosion de la larve. Autour

(1) Franck. *Die Krankheiten der Pflanzen*, p. 796.

de la chambre larvaire existe une zone de méristème à petites cellules dont la division a pour but de réparer les pertes que fait subir le jeune habitant à la couche nutritive qui lui est contiguë. En grandissant toutefois, la larve ronge la galle qu'elle creuse de plus en plus et vient enfin, après s'être frayé une ouverture pour la sortie, s'enfouir dans la terre où elle achève son évolution.

2° *Ceutorhynchus contractus* sur les racines du *Thlaspi perfoliatum* et du *Sinapis arvensis*.

3° *Gymnetron Alyssi* sur le *Berteroa incana*.

4° *Ceutorhynchus Drabæ* sur la tige du *Draba verna* (1).

5° *Sibynes gallicolus* sur la tige du *Silehe otites*.

6° *Gymnetron Linariæ* sur les racines du *Linaria vulgaris*.

7° *Medicus collaris* sur les tiges des *Plantago maritima* et *major*.

Il existe encore quelques autres galles moins importantes produites par les Coléoptères ; nous nous contenterons de signaler les excroissances vulviformes produites sur les sarments de la vigne *Concord* par la larve d'un Curculonide, le *Barridius Sesostris*.

(1) Laboulbène, *Ann. Soc. entom. de France*, 3e série, t. V, 1857.

HYMÉNOPTÈRES

Les galles produites par les Hyménoptères sont en nombre considérable; elles sont constituées sur le type morphologique de la noix de galle que nous avons décrit : ce sont de vraies galles. Elles présentent, suivant les cas, une ou plusieurs chambres larvaires qui sont parfaitement closes de toutes parts. Leurs parois plus ou moins épaisses et plus ou moins dures doivent être rongées ou percées d'une façon quelconque par l'insecte qui veut jouir de la liberté.

Les principaux producteurs de galles appartiennent à cet ordre d'Insectes. Les Hyménoptères galligènes rentrent tous dans le groupe des Térébrants et spécialement dans la famille des Cynipides. On connaît quelques rares habitants de galles dans la famille des Tenthrédonides. Trois espèces de Nematus sont signalées comme déterminant sur les saules des productions gallaires. Ce sont le *Nematus Wallisnierii*, le *N. vesicator* et le *N. gallarum*.

Le Nematus Wallisnierii produit la galle la plus commune sur les *Salix fragilis, alba, amygdalina, capræa.* La galle se forme de bonne heure après que l'insecte, à l'aide de sa tarière, a entamé le tissu végétal. Nous avons rapporté précédemment une intéressante observation du Dr Adler sur la formation des galles de ce Tenthrédinien sur le *Salix amygdalina*. Nous avons vu que le développement de la production gallaire n'attendait pas l'éclosion de la larve, mais qu'il commençait aussitôt après la piqûre et l'issue de la gouttelette de venin qui l'accompagne. Ce cas rentrait d'une manière parfaite dans la théorie de M. Lacaze-Duthiers.

Les galles du *Nematus Wallinierii* apparaissent comme des renflements au sein du parenchyme des feuilles de saule, ces renflements font saillie des deux côtés du limbe foliaire. Ils sont épais, charnus, souvent colorés en rouge et semblables à un petit haricot. Parfois lorsque plusieurs galles existent ensemble, on les trouve rangées sur chaque moitié de la feuille.

Le *Nematus versicolor* produit des galles sur le *Salix purpurea.* Elles prennent naissance comme celles du *Nematus Wallisnierii* dans le mésophylle foliaire et proéminent de même de chaque côté du limbe, mais elles sont plus aplaties, pouvant atteindre jusqu'à un centimètre et demi de largeur et sont semblables à un gros haricot. Elles occupent tout l'espace compris entre la nervure médiane et le bord du limbe.

Les galles du *Nematus gallarum* sont sphériques, grosses comme un pois, et se trouvent attachées par une base étroite à la face inférieure de la feuille. Elles sont solitaires ou se montrent plusieurs ensemble sur la même feuille. Chauves, quand elles se développent sur le *Salix purpurea*, elles se recouvrent de poils comme les feuilles sur le *Salix capræa* et *S. cinerea.*

Les galles qui sont l'œuvre des Cynipides se rencontrent sur des plantes appartenant aux familles végétales les plus diverses. Nous les étudierons successivement sur le chêne, les rosiers et un certain nombre d'autres plantes où elles présentent de l'intérêt à être connues.

GALLES DU CHÊNE

C'est sur le chêne et sur ses diverses espèces que se trouve la plus grande partie des galles produites par le vaste groupe des Cynipides. Comme un grand nombre d'autres insectes, galligènes ou non, trouvent la nourriture et le gîte sur ce végétal, bien plus que sur n'importe quelle plante, on a pu le considérer à bon droit comme le véritable arbre de la fédération. Les galles des Cynipides les plus exactement connues sont celles des espèces européennes. Parmi celles-ci, la plupart se trouvent sur les espèces de chêne de l'Europe centrale. Dans cette région, d'après Mayr (1), le chêne offre les proportions suivantes de galles : deux radiculaires, huit corticales, trente-neuf des bourgeons, trente-quatre des feuilles, neuf galles des fleurs mâles, et quatre galles des fruits. Les mêmes proportions n'existent pas pour la France, l'Europe méridionale et l'Amérique du Nord.

D'après Van Osten-Sacken, on compterait vingt-quatre galles sur les chênes de l'Amérique septentrionale, auprès de Washington, ces galles seraient généralement différentes de celles qu'on observe en Europe. On a observé des galles de Cynipides partout, dans tous les pays ; d'après les observations que l'on possède à cet égard, elles ne sont nulle part aussi abondantes que dans nos contrées.

Nous n'avons pas à insister sur les formes des galles du chêne qui sont infiniment variables et qui méritent chacune une description spéciale. Mais nous voulons signaler ici les faits de dimorphisme gallaire qui sont intimement liés à l'évolution biologique de certains Cynipides. Pour beaucoup de Cynipides, on ne connaît que les femelles et il est démontré que beaucoup pondent des œufs parthénogénésiquement. Mais Adler, de Schleswig, a observé une génération alternante extrêmement remarquable de quelques espèces de ce groupe dont nous ferons bientôt l'histoire. Or, les deux générations d'un même Cynipide, sexuée et asexuée, produisent deux galles différentes que jusque-là on avait prises pour les galles de deux Cynipides différents.

Les galles du *Neuroterus fumipennis* Hartig se forment sur les feuilles du chêne en juillet. Ces galles sont généralement circulaires, ou en forme de lentille, avec le bord souvent recourbé vers le haut et émarginé. La galle est de cou-

(1) Mayr. *Die mitteleuropaischen Eichengallen in Wort und Bild.* Wien. 1871.

leur blanchâtre ou rougeâtre, avec d'élégantes petites étoiles de poils bruns. Les « guêpes » s'en échappent à la fin de l'hiver et pondent leurs œufs dès le mois de mai sur des bourgeons déjà un peu développés. Ils commencent à s'ouvrir; les écailles ne sont pas si étroitement imbriquées qu'elles ne puissent permettre à l'insecte l'introduction de son aiguillon et la ponte de ses œufs. Un peu plus tard, à l'éclosion de la larve, il se forme des galles sphériques, molles et juteuses, d'un blanc pur ou un peu jaunâtre, couvertes de poils blanchâtres simples et dressés. Il s'en échappe dès le mois de juillet la guêpe absolument différente du *Spathegaster tricolor* Hartig. Celle-ci se hâte de se rendre sur les feuilles pour y pondre ses œufs d'où résulteront les galles en forme de lentille et les générations du *Neuroterus fumipennis*.

Ce dernier représente la génération d'hiver qui pond au printemps ses œufs parthénogénésiquement, tandis que le Spathegaster est la génération sexuelle d'été. Le dimorphisme des galles tel qu'il se produit pour le *Neuroterus fumipennis* et le *Spathegaster albipes*, Schenck, s'observe de la même manière d'après Adler, pour le *Neuroterus lenticularis* et le *Spathegaster baccarum*, le *Neuroterus numismatis* et le *Spathegaster vesicatrix*, le *Neuroterus læviusculus* et le *Spathegaster tricolor*, le *Dryophanta longiventris* et le *Spathegaster Taschenbergi*, le *Dryophanta scutellaris* et le *Trigonaspis megaptera*. Pendant que dans ces espèces, le développement des générations, auquel correspond la formation des deux sortes de galles, a lieu dans une seule année, celui des espèces suivantes exige quatre années : ce sont l'*Aphilotrix radicis* qui alterne avec l'*Andricus noduli* et l'*Aphilotrix Sieboldi* qui alterne avec l'*Andricus testaceipes*.

Les galles produites par les Cynipides ont en général un siège constant: feuille, fleur, tronc, racine, bourgeon. Il semble que l'animal galligène soit porté par son instinct à ne point varier son domicile. Tous les naturalistes ont été frappés du tact que déploient les insectes en général pour faire un choix des organes qui doivent servir à abriter leurs couvées. L'*Aphilotrix fecundatrix*, par exemple, ne s'attaque qu'aux bourgeons à fleurs. S'il vient à se porter, par mégarde, sur un bourgeon à feuilles, il reconnaît son erreur et le déserte aussitôt. Le fait que plusieurs galles ne se montrent exclusivement que sur les chatons prouve, du reste, avec quelle certitude en général, la guêpe sait trouver le bourgeon à fleur.

Cependant, soit que les organes porteurs de galles ne se présentent pas toujours dans les conditions voulues, soit que des adaptations nouvelles tendent à se produire, on a noté quelques cas dans lesquels la même galle s'est trouvée dans des milieux différents. Les galles du *Spathegaster baccarum* se développent normalement sur les feuilles du chêne, mais on les trouve aussi parfois sur les chatons du même arbre. Le cynips des rosiers provoque généralement sur les branches de ces derniers la formation de ces galles bizarres, couvertes de nombreux filaments verdâtres qui la font ressembler à un corps mousseux et que tout le monde connaît sous le nom de *bédéguar*, mais les racines ou toute autre partie de la plante sont souvent affectées par la piqûre de ce même insecte. Un cas bien plus intéressant est celui du *Biorhiza aptera*, qui vivant habituellement dans les galles radiculaires du chêne, change en quelque sorte de nationalité pour venir se fixer sur une plante bien différente, sur les racines du pin.

Les galles du chêne les plus connues sont l'œuvre des espèces de Cynipides suivants :

1° Galles des feuilles et des pétioles de nos chênes d'Europe. — Le *Cynips scutellaris* qui, d'après Adler, alterne avec le *Trigonaspis megaptera*, le *Cynips longiventris* qui alterne avec le *Taschenbergi*, les *Neuroterus lenticularis* et *læviusculus* qui alternent avec les *Spathegaster baccarum* et *tricolor*, l'*Andricus curvator*, le *Biorhiza renum*, les *Cynips* *divisa, disticha, Reaumurii.* Toutes ces espèces produisent des galles sur les feuilles de nos chênes d'Europe. Ajoutons le *Neuroterus ostreus* auquel on doit cette petite galle arrondie et charnue des feuilles des *Quercus pedunculata, sessiliflora* et *pubescens* qui se détache de bonne heure en laissant sur la feuille deux lamelles membraneuses qui d'abord lui servaient comme d'involucre et qui simulent deux valves d'une coquille, d'où la qualification d'*ostreus* sous laquelle on désigne cette espèce de *Neuroterus.*

L'*Andricus cocciferæ* produit des galles à la fois sur les feuilles et les pétioles du *Quercus coccifera* de la France méridionale, de même que l'*Andricus ilicis* sur le *Quercus ilex*, d'après M. Lichtenstein.

Giraud a signalé plusieurs galles sur le *Quercus Cerris* produites à la face inférieure seulement par les *Neuroterus lanuginosus, saltaris, minutulus*, l'*Andricus cydoniæ* et sur les pétioles et les branches par les *Andricus multiplicatus, nitidus* et *Spathegaster nervosus.*

2° Galles sur les feuilles de chêne de l'Amérique du Nord. — Nous devons signaler les *Cynips quercus pinum, lanæ* et *utilis* qui forment des galles sur le *Quercus alba;* les *C. cœlebs* et *confluens* sur le *Q. rubra;* les *C. tubicola* et *verrucarum* sur le *Q. obtusiloba;* enfin les *Cynips palustris* et *nigra* sur les *Q. palustris* et *nigra.*

3° Galles de bourgeon. — Citons les *Cynips terminalis, Kollari, autumnalis, collaris, ferruginea, caliciformis, conglomerata, globuli, tinctoria.* Cette dernière espèce produit la noix de galle d'Alep ou du Levant qui croît en Asie Mineure et en Turquie sur le *Quercus infectoria*, Ol. Le *Cynips fecundatrix* produit les galles en *artichaut* du *Q. pedunculata.* Le *Cynips polycera* produit une galle corniculée décrite par Giraud qui cite à cet égard une figure de Malpighi (1).

(1) *De Gallis.* Tome I, p. 123.

La galle corniculée de Guibourt (1) diffère de celle de Giraud par le fait d'être pluriloculaire.

Le *Cynips glutinosa* est l'auteur de cette curieuse galle en parasol des chênes blancs qui présente une dépression au sommet dans laquelle s'accumule une sécrétion visqueuse et qui présente à la base une seule chambre larvaire. C'est probablement à cette espèce que se rapporte la galle glutineuse que M. J.-E. Planchon observa en abondance, en 1870, au Vernet (Pyrénées-Orientales).

Citons encore l'*Andricus curvator*, le *Spathegaster aprilinus* et *Cynips callidonna* qui développent leurs galles sur les bourgeons terminaux du *Quercus pubescens;* l'*Andricus burgundus* sur le *Quercus cerris* et enfin les *Cynips quercus globulus*, *ficus* et *seminator* sur le *Quercus alba*.

4° Galles des chatons. — En dehors des *Spathegaster baccarum*, *Andricus quadrilinealis*, *Cynips seminationis*, il faut mentionner l' *Andricus amenti* sur le *Quercus pubescens* et les *Andricus æstivalis*, *grossulariæ* et *Spathegaster glanduliformis* sur le *Quercus Cerris*.

5° Galles des fruits. — Ce sont le *Cynips calicis* sur le *Quercus pedunculata* et l'*Andricus glandium* sur le *Quercus Cerris*.

6° Galles du tronc. — Trois espèces de Cynips produisent des galles sur le tronc du *Quercus pubescens*. Ce sont les *Cynips corticalis*, *truncicola* et *corticis*.

7° Galles du tronc et des branches. — Mentionnons le *Cynips cerricola* et le *Dryocosmus cerrifilus* sur le *Quercus Cerris*.

8° Galles de racine. — Nous avons le *Cynips rhizomæ*, le *C. radicis* (*Aphilotrix*) qui alterne, d'après Adler, avec l'*Andricus noduli*, le *C. subterranea* sur le *Quercus pubescens*, le *C. serotina* sur les *Q. pubescens et sessiliflora*, le *C. Sieboldi* (*Aphilotrix*) qui alterne avec l'*Andricus testaceipes*. Enfin,

(1) Guibourt. Tome II, 4e éd., p. 394.

pour terminer cette nomenclature, signalons le *C. aptera* qui produit sur les racines du chêne des galles à apparence de truffe (1).

On comprendra que nous n'entrions pas dans la description détaillée de toutes ces galles. Ce serait entreprendre une étude fort longue, qui pourrait, à elle seule, constituer un travail considérable. Mais un certain nombre d'entre elles se trouvent dans le commerce où elles sont employées à différents usages et fournissent à la médecine des produits utiles. Nous allons les passer successivement en revue.

1. *Galle d'Alep, galle du Levant, galle de Smyrne, noix de galle* proprement dite. — C'est à Olivier, que nous devons la connaissance de l'espèce *Quercus infectoria* Olivier, qui est répandue dans toute l'Asie Mineure et qui fournit la *noix de galle* ou *galle du Levant*. L'insecte producteur de la galle est le *Cynips gallæ tinctoriæ*. La noix de galle est apportée surtout de la Syrie et de l'Asie Mineure. La meilleure porte dans le commerce le nom de *galle noire* ou de *galle verte d'Alep* à cause de sa couleur et parce qu'elle vient des environs d'Alep en Syrie. Voici la description qu'en donne Guibourt (2). « Elle est grosse comme une noisette ou une aveline, d'une couleur vert noirâtre ou vert jaunâtre, glauque ; elle est compacte, très pesante et très astringente ; elle doit en partie ces propriétés au soin qu'on a eu de la récolter avant la sortie de l'insecte ; car, les galles que l'on oublie sur l'arbre et que l'on ne cueille qu'après, sont blanchâtres, légères, peu astringentes, et se reconnaissent d'ailleurs au trou rond dont elles ont été percées par l'insecte ; elles forment, sous le nom de galle blanche, une sorte de commerce bien moins estimée que la première. »

La galle de Smyrne ou de l'*Asie Mineure* ne diffère de celle

(1) Léon Dufour. *Comptes rendus de l'Ac. des Sc.*, t. XVIII, f° 1031.

(2) Guibourt. *Histoire naturelle des drogues simples*, par G. Planchon, t. II, p. 289.

d'Alep que parce qu'elle est plus grosse, moins foncée en couleur, moins pesante et plus mélangée de galles blanches. Elle est généralement vendue comme galle d'Alep. Elle est moins estimée par ceux qui la connaissent.

Il y a des galles parmi celles qui croissent sur le chêne qui présentent une structure lâche et poreuse ou des conduits qui permettent à l'air de pénétrer jusqu'à l'insecte, la galle d'Alep est tellement dure et compacte et dépourvue de toute ouverture extérieure qu'on a pu se demander avec étonnement comment un être pouvait y respirer. « J'ai découvert, dit Guibourt, dans un grand nombre de galles d'Alep, et principalement autour de la petite masse amylacée, des cellules qui paraissent formées par l'écartement ou le dédoublement d'écailles conchoïdes charnues, et qui doivent servir à la respiration de l'insecte. » M. Lacaze-Duthiers émet l'hypothèse, que les cellules de la couche protectrice remplies d'air, à parois creusées de pertuis nombreux, laissent parvenir jusqu'à l'insecte les gaz qu'elles puisent dans les méats du parenchyme de la tumeur. »

2. *Petite galle couronnée d'Alep.* — Grosse comme un pois, courtement pédiculée, elle présente supérieurement une couronne d'un fruit de myrte ou d'*Eugenia*. Elle ne peut être prise pour une jeune galle commune d'Alep, parce qu'elle est souvent percée d'un trou très large qui indique qu'elle est parvenue à toute sa grosseur. C'est par ce trou qu'est sorti l'insecte, déterminé par Giraud, sous le nom de *Cynips polycera* (1).

3. *Galle marmorine.* — Elle vient du Levant. D'un gris peu foncé, jaunâtre ou rougeâtre, elle présente, en outre, une forme sphérique ; elle est à peine un peu allongée en pointe du côté qui forme le pédicule, à peine marquée d'aspérités, et cependant à surface rugueuse. Elle a une cassure unifor-

(1) Brehm et J. Kunckel d'Herculais. *Merveilles de la nature*, p. 211.

mément rayonnée et d'un jaune orangé. La couche nutritive est très mince, rayonnée et peu distincte de celle qui l'entoure ; la cavité centrale est spacieuse et régulière.

4. *Galle d'Istrie* (1). — Petite galle globuleuse de 9 à 12 millimètres de diamètre, allongée en pointe du côté du pédicule, généralement d'une couleur rougeâtre, privée d'aspérités pointues, mais profondément ridées par la dessiccation. Elle est très souvent percée et vide d'insecte. La cassure en est rougeâtre, rayonnée, assez compacte ; la couche amylacée peu distincte ; la cavité centrale vaste et régulière. Cette galle est peu estimée.

5. *Galle de Hongrie ou du Piémont* (2). — C'est une excroissance très irrégulière qui provient de la piqûre faite par le *Cynips calycis* Giraud à la cupule du gland du chêne ordinaire, *Quercus robur* Linn., après que l'ovaire a été fécondé. Cette excroissance, qui part le plus souvent du centre même de la cupule, s'élève d'abord sur un pédicule qui n'empêche pas toujours le gland de se développer à côté. Mais souvent aussi l'excroissance remplit toute la cupule, déborde pardessus de tous les côtés et la recouvre à l'extérieur. Cette galle présente, au centre d'une enveloppe ligneuse, une cavité unique prenant de l'air par le sommet, contenant une coque blanche qui a dû servir aux métamorphoses de l'insecte et renfermant quelquefois le Cynips lui-même pourvu de ses ailes.

6. *Galle corniculée* (3). — Cette galle est généralement comme assise par le milieu sur une très jeune branche, et comme formée d'un grand nombre de cornes un peu recourbées à l'extrémité. Elle est jaunâtre, ligneuse, légère, creusée à l'intérieur d'un grand nombre de cellules entourées chacune d'une couche de substance rayonnée, s'ouvrant toutes à l'extérieur par un trou particulier et chacune ayant servi de

(1) Guibourt, *loc. cit.*, p. 293.
(2) *Id.*, *id.*
(3) *Id.*, *id.*

demeure à un insecte. Elle se développe de préférence sur el *Quercus pubescens*. Elle est produite par le *Cynips coronata* Gir.

7. *Galle en artichaut* (1). — Cette galle, produite sur le *Quercus robur*, var. *pedunculata,* par l'*Andricus pilosus* qui alterne avec l'*Aphilotrix fecundatrix* Hartig, ressemble à des cônes de Houblon. Elle provient du développement anormal de l'involucre de la fleur femelle avant la fécondation. Elle est formée inférieurement d'une sorte de réceptacle ou de thorus ligneux qui provient du développement contre nature de la base même de l'involucre. Réaumur a comparé avec raison cette partie au fond de l'artichaut. Ce thorus se relève un peu en forme de coupe sur le bord et présente deux sortes d'appendices. Ceux qui garnissent l'extérieur ne sont autre chose que les écailles de l'involucre, développées et restées libres, un peu épaissies et velues sur le milieu, amincies et transparentes sur le bord, lequel présente quelquefois la dentelure lobée de la feuille du chêne. Quant aux appendices qui se sont développés sur la surface supérieure du thorus, et qui ressemblent à de longues paillettes soyeuses de Synanthérées, le germe en existait sans doute à la surface interne de la cupule qui embrassait l'ovaire.

8. *Galle ronde de l'yeuse*, *galle de France*. — Elle a un diamètre de 19 à 22 millimètres avec une forme sphérique ; sa surface est unie ou légèrement inégale et ridée comme une orangette. Elle est produite par le *Cynips hungarica* (2), sur le *Quercus ilex* dans le midi de la France et en Piémont. Elle est légère, à cassure spongieuse et brunâtre. On la trouve presque toujours percée.

9. *Galle ronde du chêne rouvre. Galle du pétiole des feuilles de chêne.* — On les trouve souvent au nombre de trois ou quatre sur les morceaux du chêne rouvre aux environs de Paris et

(1) Guibourt, *loc. cit.*, p. 293.
(2) Brehm., *loc. cit.*, p. 217.

sur le chêne Tauzin (*Quercus pyrenaica*), auprès de Bordeaux. Elle est sphérique, de 15 à 20 millimètres de diamètre, bien unie, d'une couleur rougeâtre, légère et spongieuse. Elle est uniloculaire ou multiloculaire, contenant le *Cynips collaris* ou *petioli*.

10. *Galle ronde des feuilles de chêne. Galle en cerise* et *galle en grain de groseille* de Réaumur. — Ces deux galles de même nature, mais de grosseur différente, sont sphériques, lisses, d'un beau rouge et succulentes à l'état récent. Elles se rident par la dessiccation. Les galles en cerise donnent le *Dryophanta scutellaris*, Cynipide agame dont la génération sexuée est le *Spathegaster Taschenbergi*. Les galles en grain de groseille contiennent le *Dryophanta folii*.

11. *Pomme de chêne* (1). — La plus volumineuse des galles du chêne. Cette galle est commune dans les environs de Bordeaux, dans les landes et dans les Pyrénées où elle croît sur le chêne Tauzin. Cette galle est sphérique ou ovoïde, de la grosseur d'une petite pomme, ou d'un petit œuf de poule. Sa surface est unie, sauf vers le sommet, une couronne de cinq à six pointes dont quelques-unes sont doublées et une éminence centrale creuse et à bords repliés en dedans. On peut remarquer, à la base, que le pédoncule est aussi rentré en dedans et est en partie recouvert par la turgescence de l'enveloppe. La disposition et le nombre des pointes supérieures paraît indiquer que cette galle provient du développement monstrueux de la fleur femelle avant la fécondation; à l'extérieur, cette galle est d'une texture spongieuse uniforme, et elle devient très légère par la dessiccation.

Les noix de galles sont employées dans la teinturerie, dans la tannerie, dans la fabrication des encres, etc. Ce sont elles qui sont employées pour l'extraction du tannin. — C'est à Pelouze que l'on doit d'avoir fait connaître un procédé (le trai-

(1) Guibourt. *Drogues simples*, p. 293.

tement par déplacement, au moyen de l'éther) qui permet de retirer immédiatement 35 à 40 p. 100 de tannin de la noix de galle. Le tannin des noix de galle a été appelé *acide gallo-tannique*, pour le distinguer des tannins extraits d'autres substances végétales qui possèdent des réactions différentes.

L'acide gallo-tannique donne avec les persels de fer un précipité bleu noir. Les tannins que l'on extrait des feuilles et écorces du chêne, des peuplier, noisetier, poirier, etc., présentent la même réaction.

Les tannins du cachou, du quinquina, du frêne, etc., se différencient nettement en donnant un précipité vert.

D'après Strecker, le tannin se dédoublerait sous l'influence des acides et de certains ferments en acide gallique et glucose; cette assertion a été contestée par divers chimistes qui ont constaté que la proportion de glucose formé dans le dédoublement n'est pas constante, ce qui permet d'attribuer à une impureté l'apparition de ce sucre. Cette hypothèse a été confirmée par les recherches de Schiff (*Deutsch, chim. Gessel*, 1871). Ce chimiste a réalisé la synthèse du tannin en faisant agir l'oxychlorure de phosphore sur l'acide gallique. Sous l'influence de l'oxychlorure de phosphore, deux molécules d'acide gallique s'unissent avec élimination d'une molécule d'eau.

$$\underset{\text{Acide gallique.}}{2C^7H^6O^5} = H^2O + \underset{\text{Tannin.}}{C^{14}H^{10}O^9}$$

Le tannin doit donc être considéré comme de l'acide digallique.

$$C^{14}H^{10}O^9 = O \begin{cases} C^6H^2COOH \\ OH \\ OH \\ \\ C^6H^2COOH \\ OH \\ OH \end{cases}$$

Telle est la constitution du tannin de la galle ou du moins de la plus grande partie de celui-ci.

Quant aux divers autres tannins ils paraissent donner constamment du glucose parmi leurs produits de dédoublement on peut les considérer comme des glucosides polygalliques.

GALLES DES ROSIERS

On trouve sur les rosiers et de préférence sur les églantiers et sur la rose à cent feuilles des jardins des excroissances moussues et chevelues vertes et rouges connues sous le nom de Bédéguars. Ces galles ont attiré de tout temps l'attention des naturalistes. Pline leur donnait le nom de *Spongiola Cynorrhodon*. Les filaments qui constituent l'abondant chevelu des Bédéguars partent d'une masse intérieure qui n'est qu'un assemblage de noyaux extrêmement durs accolés les uns aux autres. Les galles sont mûres en automne. Mais les habitants ne les désertent pas encore. Les larves se transforment en nymphes pour passer l'hiver et ne sortent qu'au printemps suivant à l'état d'insectes parfaits. Or, la demeure est parfois richement habitée. A côté des *Rhodites*, il est fréquent de trouver de nombreux parasites, commensaux ou destructeurs. Citons le *Periclitus Brandti*, plusieurs espèces de *Synergus*, deux espèces de *Cynips*, un *Diplolèpe*, l'*Ichneumon Bedeguaris* Geoffroy et divers Braconides et Pteromalides, ce qui fait dans beaucoup de cas une vingtaine de parasites qui apparaissent en même temps que l'habitant régulier de la galle, avant ou après lui.

Les bédéguars offrent sur la plante hospitalière deux situations principales. Ils sont sur les côtés des branches ou à l'extrémité des rameaux.

Le développement de ces singulières productions fut recherché par Réaumur. Le grand naturaliste ne put trouver une solution exacte pour le problème qu'il voulait résoudre. Il commit même à propos des bédéguars une erreur des plus graves. « Chacun, dit-il, part ordinairement d'un bouton ; il s'est fait une étrange altération dans les parties de ce bouton pour fournir à une production telle que l'est une des grosses galles. Le nombre des filaments est trop grand, car il y en a des milliers, pour qu'on puisse imaginer qu'il n'est qu'une feuille défigurée ; il est plus vraisemblable qu'une seule a fourni de quoi faire un très grand nombre de ces filaments, qu'elle a pour ainsi dire été refendue en différentes parties, ou que chacune de ses fibres est devenue un des cheveux de la galle. Les difficultés qu'on trouve à expliquer la formation des galles de cette espèce augmentent encore, quand on sait qu'il n'en vient pas seulement sur ces boutons. J'ai observé sur les fibres des feuilles des galles chevelues qui, à la vérité, étaient très petites, mais qui avaient ce que les autres ont de plus particulier, le chevelu. Après tout, dès qu'une feuille, dès qu'une fibre de feuille peut devenir un arbre, une fibre peut fournir à des végétations de certaines espèces auxquelles le bouton fournit (1). » Réaumur est embarrassé par la présence des poils. Comme les folioles des bourgeons du rosier sont laciniées, et que chaque laciniure ressemble au chevelu d'une galle, il en conclut, ainsi que le fait remarquer M. de Lacaze-Duthiers, que ce doivent être ces feuilles refendues qui produisent ces perruques, pour employer l'expression même de Réaumur.

M. Lacaze-Duthiers et M. Paszlavszki ont donné une explication plus scientifique du développement de ces curieuses galles. Nous extrayons du mémoire de ce dernier auteur les quelques développements dans lesquels nous allons entrer (2).

Le *Rhodites rosæ* qui produit le bédéguard pond ses œufs

(1) Réaumur *Histoire des Insectes*. T. III, Mém. XII, p. 467.

(2) Paszlovszky. *A Rozsagubacs fedjlodésérol.*

dans un jeune bourgeon dont les feuilles ne sont pas encore étalées; elles sont redressées vers le sommet du cône végétatif et se recouvrent mutuellement en formant à cause du rapprochement de leur base de véritables verticilles de trois folioles chacun. La ponte a lieu sur un de ces verticilles; elle dure en moyenne de vingt-quatre à quarante-huit heures. La femelle qui fait des efforts visibles arrive à pondre une cinquantaine d'œufs et même davantage. Ceux-ci se rencontrent un peu partout sur le pétiole et sur le limbe, aussi bien à la face supérieure qu'à la face inférieure de ce dernier, sur les bords comme à son extrémité, enfin sur toutes les nervures, mais principalement sur les nervures principales, avec lesquelles ils forment souvent de véritables rangées alternantes. Ils sont simplement collés sur l'épiderme ou logés dans une très petite dépression. La feuille présente de bonne heure une proéminence circonscrite qui correspond à la dépression primitive et dans laquelle se trouve toujours un œuf. Entre le moment de la piqûre et la formation de la galle s'écoule dix-huit à dix-neuf jours. L'auteur pense comme Thomas, Adler, Van der Hœven, que la larve à son éclosion se nourrissant du tissu de la plante, provoque la production gallaire et entretient son développement jusqu'à sa constitution définitive. L'auteur est tout à fait en désaccord avec M. Lacaze-Duthiers qui trouve l'explication du bourgeonnement de la tumeur dans la spécificité d'un venin sécrété par l'insecte. Nous avons vu, en étudiant les causes de la formation des galles que la théorie du professeur de la Sorbonne n'est pas générale et n'est pas applicable en particulier aux galles produites par les Cynipides.

Quoi qu'il en soit, les folioles garnies d'œufs sont arrêtées dans leur développement et les entre-nœuds qui leur correspondent restent très courts. C'est pour cela que les trois folioles, dont la disposition sur l'axe est normalement alternante, se trouvent presque au contact l'une de l'autre dans un même plan, et forment un véritable verticille. A la suite de cet arrêt de développement, les organes s'épaississent. Le pétiole et le limbe acquièrent un développement considérable et perdent leur forme primitive. Les galles se montrent à la surface des feuilles déformées comme des petits gonflements sur lesquels apparaissent de petites houppes de poils rouges, verts ou violacés. L'épaississement continuant toujours, les trois folioles chargées de productions gallaires viennent à se toucher par les bords, entourent la branche qui les porte et forment ainsi le bédéguar annulaire. Les parties situées au-dessus de la tumeur se flétrissent et tombent. Le bédéguar occupe alors le sommet des rameaux. Il serait difficile de s'expliquer l'origine, la formation et la position de cette galle, si l'on ne connaissait pas la série de transformations que nous venons d'indiquer. On voit que cette production est encore assez complexe. Elle est formée par une multitude de petites galles qui se sont soudées entre elles et dont chacune représentera plus tard un des noyaux solides de la galle mûre et renfermera alors non pas une larve, mais une nymphe ou un insecte prêt à s'envoler.

Les bédéguars qui se trouvent sur les côtés des branches se forment dans presque tous les cas aux dépens d'une seule feuille. Les bédéguars renferment du tannin en quantité trop peu considérable pour qu'ils puissent avoir un emploi en médecine. Autrefois ils jouissaient d'une très grande réputation et paraissaient devoir guérir les maux les plus divers. On les donnait en poudre, comme astringents, antivermineux, contre l'hydrophobie, le calcul, la scrofule, l'alopécie, la piqûre de la tarentule, etc. Le nom de *Sanatados* qui leur fut donné en Sicile à la suite des éloges dont ils furent l'objet dans le *Museo di piante rare* de Boccone, témoigne de la confiance qu'on avait pour les vertus de cette production bizarre. Le temps et l'expérience ont fait justice de cette superstition.

Giraud a signalé sur le rosier sauvage des galles produites

par le *Rhodites spinosissimæ*. Ce sont des renflements à une seule chambre larvaire, lisses, verts ou rouges, situés sur les pétioles ou sur les feuilles. Plusieurs feuilles voisines peuvent être envahies à la fois par la production gallaire. Comme la tige présente un arrêt de développement au point qui leur correspond, les entre-nœuds sont très rapprochés. Les feuilles déformées de deux nœuds voisins peuvent se trouver en contact. Il en résulte alors un massif de galles qui peut atteindre 5 centimètres d'épaisseur. Les mêmes galles ont été observées sur le calice et les fruits.

Sur les *Rosa canina et rubiginosa*, le *Rhodites eglanteriæ* produit des galles uniloculaires, sphériques, rouges, ayant de 2 à 6 millimètres. On les trouve à la partie inférieure des feuilles ou sur les pétioles.

Le *Rhodites rosarum* Gir. produit sur le rosier sauvage des galles comparables aux précédentes, mais plus dures et couvertes de nombreuses excroissances en forme d'épines.

GALLES PRODUITES EN DEHORS DES CHÊNES ET DES ROSIERS

Une galle multiloculaire de 3 à 8 centimètres de longueur sur un centimètre d'épaisseur, lisse et souvent fortement recourbée, se produit sur la tige des framboisiers et des ronces sous l'influence de la piqûre du *Diastrophus rubi* Hartig.

La tige à ce niveau a l'aspect d'un renflement fusiforme. Cette galle est remarquable à cause de la situation des chambres larvaires. Si on fait une coupe de la tige au niveau du renflement gallaire, on voit que ces chambres larvaires, qui ont la forme de petites cavités rondes, sont placées au sein d'une moelle abondante immédiatement en dedans de l'anneau des faisceaux fibro-vasculaires; chacune d'elles est protégée du côté du bois ou étui médullaire par une couche ligneuse. Une galle du même genre semble se présenter d'après Osten-Sacken sur le *Rubus villosus* de l'Amérique du Nord.

Des galles spériques ou oblongues, ligneuses, d'un demi-centimètre de diamètre à plusieurs chambres larvaires sont produites sur les pétioles du *Potentilla reptans* par l'*Aulax potentilla* Will, et sur le *Potentilla argentea* par le *Diastrophus Mayri*.

On connaît bien les galles que produit l'*Aulax Hieracii* sur les tiges de plusieurs espèces de *Hieracium* et surtout sur celles des *H. murorum et sylvaticum*. Ce sont des galles sphériques, plus ou moins couvertes de poils et ayant deux centimètres de diamètre, sinon davantage. Elles présentent de nombreuses chambres larvaires entourées d'une couche protectrice ligneuse. Lorsqu'elles se forment au voisinage de la racine, il arrive que la tige est remplacée par une grosse galle au voisinage de laquelle une ou plusieurs feuilles radicales acquièrent leur dévolloppement normal et concourent à sa nutrition.

Le *Diastrophus Scabiosæ* Gir. et l'*Aulax Jaceæ* Schenck déterminent la production de galles analogues, le premier sur la tige du *Centaurea Scabiosa* et le second sur les pédoncules floraux du *Centaurea Jacea*.

Sur les nervures des feuilles des *Acer pseudoplatanus* et *A. platanoides*, on trouve des galles sphériques, chauves, lisses qui sont l'œuvre du *Bathiaspis aceris*.

Le *Diastrophus Glechomæ* Hartig détermine sur les feuilles, pétioles et tiges du *Glechoma Hederacea* la formation de galles charnues, sphériques, couvertes de poils, ayant plus d'un centimètre de diamètre et présentant une seule chambre larvaire dans laquelle l'insecte adulte passe l'hiver.

L'*Aulax Salvia* Gir. atteint les fruits du *Salvia officinalis* qui deviennent sphériques et gros comme un pois.

L'*Aulax Rhœadis* Hart. produit un gonflement remarquable de la capsule du Papaver Rhœas. Cette galle, qui fait de la capsule du pavot une véritable monstruosité, a été signalée par Vallot dans les Mémoires de l'Académie de Dijon.

C'est une galle multiloculaire. Elle résulte de l'hypertrophie des parois de la capsule. Au contraire, l'*Aulax minor* Hartig, produit sur les capsules de la même plante à peine développée des galles petites, sphériques, qui poussent sur les cloisons.

A la base des tiges des graminées, l'entomologiste Mayr a signalé des renflements fusiformes, multiloculaires qui seraient l'œuvre d'un Cynipide. On attribue aussi à l'action d'un Cynipide ces renflements fusiformes, recourbés, qu'on trouve à la base du *Pteris aquilina*. Ces galles sont comparables à celles que nous avons décrites pour le *Rubus villosus* et *Idæus* qui sont l'œuvre du *Diastrophus rubi*.

Nous venons de voir que les Cynipides exercent leur action sur les plantes les plus diverses. Mais souvent ils déterminent la formation de productions morbides sur des plantes qui nous intéressent. Nous avons pensé qu'il était important de signaler ces exemples de galles dont la plupart sont du ressort de la pathologie végétale à laquelle nous ne devons pas rester étranger.

CYCLE BIOLOGIQUE DES CYNIPIDES

Le Dr Giraud, si connu par ses découvertes entomologiques, disait : « Il y a dans ces Cynipides agames un mystère dont la découverte fera la gloire d'un homme. » Le professeur Siebold, dans un travail sur la parthénogénèse, s'exprimait dans des termes analogues : « On ne pourra avoir une explication satisfaisante du mode de reproduction des Cynipides, que lorsque leur développement aura été suivi pas à pas, dans toutes ses phases, depuis l'œuf fécondé ou non. Espérons qu'il se trouvera parmi nos entomologistes un Œdipe qui saura résoudre cette énigme. » L'Œdipe s'est trouvé. Nous devons à l'ardeur infatigable de M. Lichtenstein, la traduction du beau mémoire dans lequel le Dr Adler, de Schleswig, a développé sa grande et belle découverte. Beaucoup de points mystérieux de l'énigme à résoudre avaient été dévoilés par cette magnifique pléiade d'entomologistes, tels que : Riley, Mayr, Hartig, Giraud, Osten-Sacken, Bassett, et enfin Adler. Pendant ce temps-là, M. Lichtenstein, absorbé par les Hémiptères, traçait le cycle biologique et les curieuses migrations des Aphidiens.

On trouvait que dans plusieurs espèces de Cynipides, les mâles étaient moins nombreux que les femelles; chez certains de ces Hyménoptères, ils semblaient même manquer complètement. Comment expliquer ces faits? La vérité fut entrevue en 1873 par M. Bassett. Il avait constaté qu'une espèce vivant sur le *Quercus bicolor* produit sur la feuille des galles, d'où sortent au mois de juin des insectes mâles et femelles en nombres égaux. Sur la fin de l'été, on trouve à l'extrémité des jeunes rameaux des galles d'une autre forme. Les insectes qui se développent dans leur intérieur et y passent l'hiver, ne présentent que des femelles. Frappé de voir que ces dernières ne différaient de celles de la génération précédente que par leurs dimensions plus fortes, Bassett conclut que les deux générations provenaient l'une de l'autre et se succédaient dans une année. La supposition de Bassett est devenue une vérité à la suite des observations nombreuses et persévérantes du Dr Adler, de Schleswig. M. Adler répartit les Cynipides du chêne dans quatre groupes qui comprennent toutes les espèces observées par lui. Ce sont :

I. Groupe des *Neuroterus*.
II. Groupe des *Aphilotrix*.
III. Groupe des *Dryophanta*.
IV. Groupe des *Biorhiza*.

Prenons un exemple : Le *Neuroterus lenticularis* produit sous les feuilles du chêne des galles qui apparaissent en juillet et tombent en octobre. L'insecte parfait ne sort qu'au mois d'avril. Aussitôt en liberté, il dépose ses œufs sur les bourgeons du chêne. Les galles qui en proviennent sont différentes de celles qui avaient nourri les *Neuroterus*. L'insecte qui en sort n'est pas un *Neuroterus*, mais bien le *Spathegaster baccarum*. Mais tandis que la génération *neuroterus* n'est représentée que par des femelles, la *génération spathegaster* offre des mâles et des femelles. Il y a donc là un phénomène de génération alternante. Il en résulte qu'on devra réunir sous le même nom les deux formes asexuée et sexuée de ces insectes, formes qu'on a considérées comme des espèces distinctes jusqu'à la découverte du cycle biologique.

M. Lichtenstein a confirmé les observations d'Adler par des expériences dont on trouve le résultat dans le journal *les Petites Nouvelles entomologiques* du 1er mai 1878.

M. Lichtenstein trouva dans les phénomènes de génération alternante des Cynipides les lois qu'il a tracées pour les évolutions des *Homoptères monoones*. Cet entomologiste pense que le mot de parthénogénèse doit être réservé au cas d'une femelle dont le mâle existe, et qui donne des produits féconds quoique privée du concours de ce mâle. C'est ainsi que chez le Phylloxera, le mâle n'existe pas parallèlement aux individus reproducteurs ou mères fondatrices sur les racines. Ce n'est que plus tard qu'il se trouve avec une vraie femelle, et c'est celle-là, celle-là seule qui pourrait offrir le phénomène parthénogenésique, si elle développait ses produits sans fécondation. En dehors des sexués, « tous les états intermédiaires sont des états larvaires; mais comme dans ces états larvaires, il peut y avoir une reproduction par bourgeonnement, les insectes qui jouissent de cette faculté peuvent se reproduire pendant très longtemps, et peut-être même indéfiniment, sans jamais arriver à l'état parfait. C'est ainsi que dans des circonstances données, il n'y a, par exemple, aucune raison pour que le Phylloxera ne se reproduise pas indéfiniment par bourgeonnement souterrain, sans jamais arriver à la forme ailée et aux sexués. » L'auteur résume son idée de la manière suivante : « C'est absolument comme une plante de chiendent, dont on faucherait les tiges avant la floraison, qui repousserait toujours à nouveau sans jamais arriver à la fleur et à la graine. » Voici comment M. Lichtenstein trace, d'après sa théorie, les phases du *Spathegaster baccarum* Linn.

1° Œufs de la femelle fécondée et larves en provenant dans la galle dure d'automne. . .	Les Fondateurs (*Pseudogyna fundatrix*).
2° Ailés émigrants sans sexe, tous identiques, avec une longue tarière en spirale et allant piquer les bourgeons (*Neuroterus lenticularis*).	Les Emigrants (*Pseud migrans*).
3° Œufs, bourgeons et larves en provenant, qui s'entourent d'une galle charnue en forme de groseille.	Les Bourgeonnants (*P. gemmans*).
4° Les insectes sexués Spathegaster baccarum, les mâles et femelles	Les sexués (*Sexuata*).

« J'avoue que c'est assez difficile à faire comprendre, dit l'auteur, et cependant j'ai là sous mes yeux, dans mon cabinet, une nymphe de *Cantharis vesicatoria* qui semble toute prête à se briser pour me donner l'insecte parfait; les yeux, les pattes, les mâchoires, se voient, et pourtant je m'attends, comme pour les *Meloe* et les *Sitaris*, à voir cette pseudonymphe s'arrêter dans son développement, redevenir larve, et alors seulement subir les nouvelles transformations qui doivent aboutir à l'Insecte parfait (1). »

Cet observateur a pris le phylloxera souterrain comme exemple de bourgeonnement ou multiplication indéfinie. Nous devons faire remarquer que cette multiplication indéfinie du phylloxera souterrain, n'est pas admise par tous les savants. Il y en a qui voient dans ces générations qu'ils appellent parthénogénétiques une ponte véritable. Je renvoie le lec-

(1) *Introduction à la génération alternante des Cynipides d'Adler*, p. 13.

teur à l'étude du Phylloxera pour voir quelles sont les idées de M. Balbiani à ce sujet.

D'autre part, comme le fait remarquer Adler (1), « quand même, en principe, parthénogénèse et bourgeonnement seraient la même chose, il resterait pourtant l'énorme différence que, dans le premier cas, l'évolution embryonnaire aurait lieu en dehors de l'ovaire, et dans le second cas au dedans de cet organe. Chez les Cynipides, dans les deux générations, le développement est le même. » Aussi le docteur Adler, loin de partager l'opinion du zélé observateur du Phylloxera, comme il l'appelle, qui serait porté à mettre la génération agame des Cynipides dans un rang inférieur à celles des sexués, arrive, après avoir étudié les rapports mutuels des deux générations l'une envers l'autre, sur des exemples divers, à formuler une doctrine entièrement opposée et, pensant que primitivement ces deux générations n'étaient pas différentes, considère comme forme originelle du cycle biologique la forme parthénogénésique actuelle. Deux faits parlent en sa faveur : 1° la forme parthénogénésique existe à elle toute seule; 2° dans les Cynipides du chêne, il n'y a point d'exemple d'une génération sexuée existant seule; toutes celles que nous connaissons sont unies par génération alternante à une agame.

Voici le tableau des espèces de Cynipides chez lesquelles on trouve une génération alternante et celles qui n'ont qu'une génération simple, c'est-à-dire qui se reproduisent sans génération alternante sexuée et sans modification de la forme de la galle.

(1) Adler. *Génération alternante des Cynipides.* Trad. et annoté, Lichtenstein, p. 120.

I. — Cynipides a génération alternante.

Génération parthénogénésique.	Génération sexuée.
Neuroterus lenticularis Ol.	Spathegaster baccarum L.
— *læviusculus* Schenck.	— albipes Schenck.
— *numismatis* Oliv.	— vesicatrix Schlecht
— *fumipennis* Hartig.	— tricolor Hartig.
Aphilotrix radicis Fab.	Andricus noduli Hartig.
— *Sieboldi* Hartig.	— testaceipes.
— *corticis* Liman.	— gemmatus.
— *globuli* Hartig.	— inflator.
— *collaris* Hartig.	— curvator.
— *fecundatrix* Hartig.	— pilosus.
— *callidoma* Giraud.	— cirratus.
— *Malpighii* Adler.	— nudus.
— *autumnalis* Hartig.	— ramuli.
Dryophanta scutellaris Hartig.	Spathegaster Taschenbergi Schl.
— *longiventris* Hartig.	— similis Adler.
— *divisa* Hartig.	— verrucosus Schlecht.
Biorhiza aptera, Tab.	Teras terminalis Fab.
— *renum*, Hartig	Trigonaspis crustalis Hartig.
Neuroterus Ostreus, Hartig.	Spathegaster aprilinus? Giraud.

II. — Cynipides sans génération alternante. Génération exclusivement parthénogénésique.

Aphilotrix seminationis, Giraud.
— *marginalis*, Schlecht.
— *quadrilineatus*, Partig.
— *albopunctata*, Schlecht.

LÉPIDOPTÈRES

La plupart des galles des Lépidoptères sont des gonflements de tige ou de branche, rarement de fruits dans lesquels vit la chenille. On ne sait pas encore de quelle manière se forme la galle. L'œuf est-il simplement déposé à la surface de la plante et la chenille s'enfonce-t-elle ensuite dans le tissu végétal pour produire la galle? Les galles de Lépidoptères ne sont que signalées. Elles sont excessivement rares. On ne connaît que très peu de papillons galligènes.

Nous avons :

1° Le *Cochilus Hilarana* qui produit à la base de la tige de l'*Artemisia campestris* un long renflement fusiforme dans lequel vit la chenille longue de 11 millimètres.

2° L'*Alucita grammodactyla* pond sur la tige de la *Scabiosa suaveolens*. La chenille pénètre dans la tige qui reste courte et forme un renflement gros comme un pois, ovale, rouge-pourpre.

3° *Gelechia cauligenella*, la chenille vit dans les entre-nœuds de la tige du *Silene nutans*.

4° *Grapholita servillana*. La chenille fut trouvée à l'extrémité des branches du salix daphnoïde, sur les bords de la mer Baltique.

5° Sur les Tamarins de la péninsule du Sinaï, Trauenfeld a trouvé les galles suivantes :

1° Un gonflement produit par une chenille de *Grapholita* en forme de pois, long de 25 millimètres, irrégulier, sur les extrémités des branches du *Tamarix articulata*. La petite chenille creuse des conduits et se métamorphose dans la galle.

2° Un gonflement causé par la chenille du *Gelechia sinaica*, long de 12 à 13 millimètres et épais de 6 à 8 sur les branches ligneuses du *Tamarix gallica ;* dans ce cas, le cylindre de bois reste intact, l'écorce tout autour s'hypertrophie.

DIPTÈRES

On connaît un grand nombre de galles produites par des Diptères. Ces galles sont l'œuvre de petits Némocères, qui répondent aux Tipulaires gallicoles de Meigen et qui forment aujourd'hui la petite famille des Cécidomyides. Divers entomologistes, ayant poursuivi avec soin l'étude de ces insectes, ont montré que parfois ils étaient fondateurs de galles dont la production avait été attribuée à tort à des Cynipides. C'est ainsi, par exemple, que les galles du hêtre proviennent d'une mouche à deux ailes du genre *Cecidomya* et non du *Cynips fagi* Fabricius, qui ne doit pas plus exister que les *Cynips viminalis*, *capreæ*, *amerinæ*, etc.

Les insectes gallicoles de cette famille sont répartis dans les genres suivants : *Cecidomya*, *Hormomya*, *Asphondylia*, *Lasioptera* et *Diplosis*. Ils déterminent la formation de galles sur les plantes les plus diverses, saule, peuplier, hêtre, bouillon blanc, vigne, ortie dioïque, reine des prés, genêt, panicaut, genévrier, lierre terrestre, armoise, millefeuille, plusieurs galiums, etc. La forme des galles est aussi très variable. On peut les ranger sous trois types principaux : galles fermées ou noix de galle, galles en bourse et enfin galles produites par un simple enroulement du limbe foliaire destiné à abriter des œufs ou des larves.

I. *Noix de galle sur des feuilles.* — Une certaine quantité de galles produites par des Cécidomyes sont caractérisées par des excroissances ou des gonflements du mésophylle de la feuille dans l'intérieur desquels existe une cavité. C'est la chambre larvaire. Ces galles se forment par des divisions répétées du parenchyme de la feuille comme celles qui ont lieu pour la formation d'une galle vraie interne ou externe de Cynipide. Aussi sont-elles désignées sous le nom de *noix de galle*. La galle fait saillie tantôt d'un côté de la feuille, tantôt des deux côtés.

A l'état adulte, la galle présente trois zones principales ; une zone externe parenchymateuse en rapport avec les tissus ambiants, épiderme ou chlorophylle, une couche moyenne dure, ligneuse, et enfin une couche médullaire interne qui tapisse la chambre larvaire. En ce qui concerne la cause d'apparition de la production gallaire, il règne encore une certaine obscurité. L'œuf est-il déposé à sa place dans l'intérieur du tissu végétal? ou bien est-ce la larve qui, provenant d'un œuf déposé à l'extérieur d'un organe, s'enfonce en mangeant jusqu'à l'endroit où aura lieu la formation de la galle?

Les galles des Cécidomyides à chambre larvaire n'apparaissent pas seulement dans le parenchyme des feuilles. Elles peuvent aussi bien provenir des nervures qui traversent le limbe ; les noix de galle de l'*Hormomya capreæ* se développent tantôt dans le mésophylle, tantôt aux dépens d'une grosse nervure des feuilles du saule. Celles de l'*Hormomya piligera* qui se trouvent à la face supérieure des feuilles du hêtre sont situées, presque sans exception, entre la nervure médiane et les nervures secondaires qu'elles ne touchent pas. Au contraire celles du *Cecydomya fagi* proviennent presque toujours de la nervure médiane ou des nervures secondaires.

II. *Galles en forme de bourse sur des feuilles*. — Les galles en forme de vessie ou de bourse produites par un enfoncement de la feuille dans l'intérieur duquel se loge l'animal gallicole sont d'une rareté extrême dans le groupe des Diptères. Un seul cas est certain jusqu'à présent, c'est celui du *Cecydomya bursaria* (1) Bremi qui produit une galle en forme de tuyau à la partie inférieure des feuilles du *Glechoma hederacea*. L'entrée du tuyau qui se trouve à la face supérieure de la

(1) *Monographie der Gallmücken in Denkschriften der allgemeinen Sweizerischen Gesellschaft für die gesammten Naturwissenschaften*, 1847, p. 20.

feuille est fermée par des poils. Au fond de la bourse se trouve une larve. Lorsque celle-ci se trouve assez développée, la galle se sépare de la feuille et forme une enveloppe autour du corps de la larve. Peu de jours après la chute de la galle, la Cécydomye devient libre et vient pondre à son tour des œufs sur les feuilles qui seront le point de départ des productions bursiformes que nous avons signalées.

III. *Galles produites par des feuilles roulées et pilées.* — Cette variété de galles est assez nombreuse. Les feuilles s'enroulent et s'hypertrophient pour leur donner naissance. C'est toujours la cavité occasionnée par l'enroulement foliaire qui donne l'hospitalité aux œufs et aux larves de ces mouches.

L'épaississement de la masse de la feuille est aussi le résultat de la multiplication des couches cellulaires du mésophylle, que de l'agrandissement de toutes les cellules. La différence entre les tissus en palissade et le parenchyme spongieux est par là, la plupart du temps, complètement détruite. Le tissu est composé d'une manière plus uniforme, de cellules de diamètre à peu près égal, qui contiennent peu ou pas de chlorophylle.

Les galles se développent, soit sur des feuilles tout à fait jeunes, soit sur des feuilles déjà développées. Le premier cas est le plus ordinaire. Souvent la courbure que présente la feuille dans le bourgeon est utilisée pour la formation de la galle. Si elle ne s'étiole pas quand le bourgeon s'épanouit, elle règle en quelque sorte la direction de l'enroulement de la feuille. On trouve parfois plusieurs feuilles dans un même bourgeon roulées en cornet de chaque côté de la nervure médiane, disposition tout à fait en rapport avec la préfoliation. Dans le second cas, les feuilles ont perdu la position qu'elles avaient dans le bourgeon, et alors l'enroulement n'est plus nécessairement dans le même sens. Le limbe foliaire participe à l'enroulement par portions limitées, si la feuille est complètement développée.

Description de quelques galles. — Une galle fort curieuse qu'on sait aujourd'hui produite par une Cécidomye, a longtemps intrigué les naturalistes. C'est la galle du Paturin des bois (*Poa nemoralis* L.). Cette plante porte fréquemment, un peu au-dessus de quelques-uns des nœuds de sa tige, des masses ovoïdes de 6 à 8 millimètres de longueur, blanches ou d'un blanc jaunâtre vers le mois de juin, brunes à une époque plus avancée de l'année. Ces masses sont composées de petites fibrilles entrelacées, semblables à des radicules. Ces touffes de filaments, dont on avait attribué longtemps la production à une trop grande abondance de suc nutritif, furent rangées dans la catégorie des formations gallaires, lorsque Geoffroy (1) fit savoir que, dans le centre, existait une loge où était une larve. Persuadé que toutes les galles des végétaux devaient leur origine à la piqûre de Cynips, ce naturaliste baptisa le fondateur de la galle du Paturin du nom de *Cynips gallæ graminis filamentosæ*. Il n'avait pas vu l'insecte parfait. Celui-ci fut observé pour la première fois par Bosc, qui le décrivit sous le nom de *Cecidomya Poæ* (2). La découverte de Bosc fut confirmée de la manière suivante par le Dr Vallot (3). « Vers la fin de juillet, je trouvai dans les galles fibreuses du Paturin des bois des chrysalides ellipsoïdes rousses, avec une tache noire à une des extrémités; de ces chrysalides sortit, au mois d'avril suivant, une Cécidomye de taille médiocre, d'une couleur brunâtre, dont les deux dernières pattes, plus longues que les autres, font que dans l'état de repos l'insecte est fort incliné en avant. *Cecidomya Poæ*, Bosc. »

Germain de Saint-Pierre (4) et surtout Prillieux (5) ont

(1) Geoffroy. *Hist. des insectes*, vol. II, p 33.

(2) Bosc. *Bulletin de la Société philomatique*, 1817, p. 133.

(3) Vallot. *Observation sur la galle chevelue du gramentum. Soc. entom. première série*, t. XXVI, p. 263.

(4) Germain de Saint-Pierre. *Galles du Poa nemoralis. Journal l'Institut*. 1853.

(5) *Ann. scienc. nat., bot.*, 1853, t. XX.

donné des détails très précis sur la structure des galles du *Poa nemoralis*. D'après le premier auteur, une larve est contenue dans une cavité uniloculaire développée sur une des parois de la tige. C'est de la paroi opposée seule que naissent les excroissances radiciformes qui, en se recourbant en dedans, entourent la loge insectifère. C'est là, on voudra en convenir, une formation de galle très singulière. Le second auteur a indiqué les modifications que subit la gaine des feuilles au niveau des galles et montré comment elle s'ajoute à la masse filamenteuse pour constituer la chambre larvaire. Il a fait voir, en outre, que les filaments gallaires pris par quelques auteurs pour des racines, non seulement ne naissent pas comme ces dernières et ne présentent pas la même structure, mais souvent même se soudent entre eux de façon à former des lames. Ces caractères sont évidemment en rapport avec une production morbide spéciale. Il convient d'ajouter que les filaments en question ne prennent pas uniquement leur origine au point de la tige opposé à celui où est la larve de l'insecte, comme le pensait Germain de Saint-Pierre, mais sur toute la périphérie de la tige irritée, hormis l'endroit où se trouve la larve.

Ce dernier point est important à noter au point de vue des rapports qui existent entre l'insecte et la production gallaire. De la façon dont naissent les filaments, on peut conclure que l'excitation déterminée par l'insecte n'agit pas d'une manière locale, mais sur une partie de la tige située en dehors de la loge insectifère. Faut-il invoquer une ou plusieurs piqûres de la mère insecte au moment de la ponte? mais on sait que les femelles des Cécidomyides ne peuvent perforer les tissus végétaux pour pondre dans leur profondeur; car elles n'ont point de tarière; elles ne peuvent que pousser leur œuf avec le tuyau flexible et extensible qui termine leur abdomen, entre les écailles d'un bourgeon ou dans le fond d'une fleur qui s'entr'ouvre. C'est donc la larve seule, au moment de l'éclosion, qui pourra déverser le poison excitateur ou bien, avec l'aide de ses mandibules, faire des blessures qui seront le point de départ de la galle. Mais dans le cas présent, il ne peut être question de blessures. Par quel mécanisme se produisent donc ces filaments radiciformes qui s'entrelacent pour former une masse fibreuse et globuleuse sous laquelle la larve trouve un abri protecteur? C'est un problème dont la physiologie pourra peut-être un jour trouver la solution.

Les galles du Paturin comme tant d'autres galles peuvent être envahies par des insectes ennemis. Au lieu de l'insecte fondateur, ce sera parfois un parasite cannibale qu'on en verra sortir. Le docteur Vallot (1) dit avoir observé la sortie d'une mouche verdâtre, le Céraphron du Paturin, hyménoptère féroce qui dévore la larve ou la chrysalide de la Cécidomye.

« Le *Cecidomya coronillæ* Wall produit sur le *Coronilla minima* une fausse galle formée par le développement de la base du pétiole et par l'enroulement de la feuille dont les folioles se recouvrent entièrement et ne se développent plus depuis juin jusqu'à octobre. Elle renferme une petite larve rouge qui, pour se transformer, se file une coque soyeuse blanche d'où s'échappe la Cécidomye de la coronille facile à reconnaître à sa couleur brune. »

Le docteur Vallot, à qui nous empruntons cette description, a fait connaître des galles analogues du genre Cécidomya sur l'*Euphorbia cyparissias* (2). Pendant l'été, dit-il, on trouve souvent, au sommet des rameaux stériles de l'Euphorbe cyprès, de fausses galles rouges formées par des feuilles élargies, se recouvrant exactement et imitant un globule. Au centre de cette galle et entre les feuilles qui la forment, existent des larves apodes, blanchâtres, qui se filent des coques soyeuses

(1) *Loc. cit.*, p. 264.
(2) Vallot. *Ac. des sc. et arts de Dijon*, 1819.

blanches, d'où sortent en juillet des insectes parfaits qui sont des Cécidomyes. Des galles de même nature se rencontrent sur l'*Euphorbia purpurata*. Il n'est pas rare de trouver, à côté des larves propriétaires des galles, d'autres larves, en particulier celles des Ichneumons, dont l'instinct carnivore amènera un jour ou l'autre la destruction des vrais habitants. Léon Dufour (1) a signalé comme parasites de certaines Cécidomyes, les genres *Misocampus*, *Stomoctea*, *Eulopus*.

L'entomologiste Vallot a décrit encore une galle de Cécidomye produite sur la fleur du bouillon blanc. « La larve du *Cecidomya verbasci*, vit solitaire dans la fleur du bouillon blanc, dont la corolle s'arrondit, ne s'épanouit pas et reste fermée. La nymphe porte antérieurement une pointe dont elle se sert pour sortir de sa retraite, dans l'ouverture de laquelle sa dépouille reste engagée. »

Le *Cecydomia vitis* Licht produit sur les feuilles de la vigne de petites galles où sa larve vit et se transforme. Ces déformations, toujours en nombre restreint, ne sont pas nuisibles pour la plante. Il faut seulement avoir soin de ne pas les confondre avec celles du phylloxera. Il est au reste bien facile de les distinguer ; en effet, la galle de la Cécidomye partage la feuille, c'est-à-dire qu'elle est saillante en dessus et en dessous, et elle présente son ouverture à la partie inférieure. La galle du phylloxera, au contraire, n'est saillante qu'en dessous, et s'ouvre à la partie supérieure. Le *Cecydomia vitis* Licht est poursuivi par plusieurs parasites qui sont de très petits chalcidites, comme le *Tetrastichus flavovarius*.

Grâce à l'extrême obligeance de M. le professeur Laboulbène, il nous est possible de signaler encore un certain nombre de productions gallaires. Leur forme générale et leur constitution doivent les faire ranger dans la catégorie des galles

(1) *Ann. sc. nat. zool.*, 3e série, t. V.

dues à un simple enroulement foliaire. Au premier abord il répugne de considérer comme une galle un simple enroulement foliaire. Aussi Edouard Perris fait de ces sortes de productions un type spécial de galle sous le nom de galloïde. Tout ce qui n'est qu'hypertrophie ou déformation permettant de voir les larves par le simple écartement des parties qui les abritent, constituent des galloïdes. E. Perris signale des anomalies galloïdes à l'extrémité des jeunes pousses de lin, du *Thymus serpyllum*, de l'*Ulex Europæus*, du *Sarothamnus scoparius*. Il a vu les tiges d'*Euphorbia*, de *Veronica chamædrys*, de *Mentha rotundifolia*, de *Trifolium subterraneum*, épaissies, chiffonnées à l'extrémité et couvertes d'une bourre blanche à la base des feuilles avec hypertrophie des poils. M. Laboulbène et Léon Dufour ont signalé des galloïdes, le premier sur les bourgeons terminaux des saules qui ressemblaient à des roses épanouies ou en boutons, et le second sur l'*Erica scoparia* dont les bourgeons devenus très gros avaient l'aspect d'une sorte d'artichaut.

Il est très remarquable que les Cécidomyes du genêt (*C. Sarrothamni* Lœw), de la Ronce (*Lasioptera rubi*) dont les nymphes sont armées de crochets et de pointes à la partie frontale, *lorsque leur galle est ouverte et alors qu'elles pourraient sortir facilement à l'air libre*, exécutent la perforation difficile des parois de cette galle. Laboulbène a vu ces nymphes perforer les parois au lieu de quitter la dépouille nymphale dans la galle.

HÉMIPTÈRES

On rencontre parmi les insectes producteurs de galles, deux punaises, le *Monanthia clavicornis* et le *M. Teucrii*. Réaumur a signalé cette dernière comme produisant une hypertrophie assez curieuse de la corolle du *Teucrium Chamædrys*.

Mais c'est le sous-ordre des Phytophthires ou poux des plantes qui nous fournit le plus grand nombre d'animaux galligènes. Quelques Psyllides, tels que les *Trioza chrysanthemi* Low, *T. flavipennis* et *T. urticæ*, donnent naissance à des productions gallaires, la première sur le *Chrysanthemum leucanthemum*, la seconde sur les *Lactuca muralis*, *Hieracium pilosella*, *H. pratense*, et la troisième sur les orties. Schrader a signalé des galles en forme de petite corne sur une feuille de *Rhamnus* à Changaï (Chine). Elles étaient produites par le *Psylla cornicola*. Nous devons étudier d'une façon plus approfondie les galles des phylloxériens et des Aphidiens.

A. — PHYLLOXÉRIENS

La terrible maladie des vignes, qui a si gravement atteint l'agriculture française, débuta en 1863 dans le Gard, près de Roquemaure sur le plateau de Prijault.

Deux années plus tard, elle s'étendait dans les départements du Gard et de Vaucluse. Les viticulteurs constataient avec peine que les ceps de leurs vignes avaient l'aspect rabougri, que les feuilles jaunissaient vers le milieu de l'été et enfin que les raisins ne pouvaient arriver à leur maturité sur les pieds atteints.

Des faits semblables étaient enregistrés vers la même époque dans les vignobles du Bordelais et des environs de Cognac.

Pendant deux ou trois années, on se contenta de discourir,

pour expliquer cet état de choses, sur l'épuisement du sol, sur l'état d'humidité et de sécheresse de l'atmosphère et sur la mauvaise culture des vignobles. Mais le mal s'étendant de plus en plus, la Société d'horticulture de l'Hérault, soucieuse à juste titre de la fortune publique, délégua trois de ses membres les plus distingués, MM. Planchon, Gaston Bazille et Sahut, à l'effet de visiter les vignes malades et de chercher la vraie cause de la maladie. C'est alors, au mois de juillet 1868, qu'il fut constaté pour la première fois, au château de Lagoy, près de Saint-Remy, que la cause de la maladie était la présence sur les racines des vignes « de traînées de points jaunâtres que la loupe décomposait en une poussière d'insectes, véritables pucerons (1). »

M. J.-E. Planchon, le savant professeur de la faculté de Montpellier, donna provisoirement à ces parasites le nom de *Rhizaphis;* mais, ayant découvert une nymphe, il en vit éclore le 28 août « un élégant petit moucheron, ou plutôt une Cigale en miniature portant étalées ses quatre ailes transparentes », et il reconnut que son Rhizaphis devenait un Phylloxera : il lui donna alors le nom, qu'il a conservé depuis, de *Phylloxera vastatrix.*

On sait que, depuis cette époque, la maladie a continué de s'étendre et qu'elle a successivement envahi presque tous les vignobles français, à l'exception des vignobles de la Champagne. Les pays limitrophes eux-mêmes n'en ont pas été longtemps préservés malgré les mesures qui ont été prises à cet égard, et, aujourd'hui, le Phylloxera vastatrix exerce ses ravages en Italie, en Espagne, en Portugal, en Allemagne; on a même constaté sa présence dans le Japon et au cap de Bonne-Espérance.

Le Phylloxera vastatrix vit sur les organes aériens et sur les organes souterrains de la vigne : sur ces derniers il dé-

(1) Planchon. *Le Phylloxera en Europe et en Amérique* (Revue des Deux Mondes, fév. 1874).

termine la formation de renflements que nous étudierons un peu plus loin, sur les premiers il produit des galles qui ont été bien observées par divers auteurs et, en particulier, par M. Cornu (1) et par M. Henneguy (2).

Nous nous occuperons d'abord des galles.

On en a rencontré sur tous les organes aériens, mais elles sont relativement plus rares sur les tiges, les rameaux, les vrilles et les pétioles, que sur les feuilles mêmes. MM. Planchon et Lichtenstein (3) ont donné une figure d'un fragment de pampre ayant trois galles sur la tige et une seule galle sur une vrille.

M. Max. Cornu (4) a pu étudier un rameau de Clinton présentant onze galles sur quatre entre-nœuds de tige, quarante-quatre sur cinq vrilles, et sept sur les pétioles de quatre feuilles qui elles-mêmes étaient chargées de galles.

La galle des tiges, des vrilles ou des pétioles affecte la forme d'une verrue creusée à son sommet et présentant une ouverture allongée; c'est parfois encore, dit M. Cornu, une sorte de fente dont les bords, parallèles à la direction longitudinale de l'organe, sont renflés et surélevés; cette fente est plus ou moins béante et toujours garnie de poils nombreux.

Au reste, ces galles sont peu dangereuses pour la plante, car elles sont peu nombreuses et elles n'apportent pas de modification bien profondes dans les organes où elles se sont développées.

Les galles des feuilles, excessivement rares sur les vignes indigènes, s'observent fréquemment sur les vignes américaines.

M. le Dr Henneguy, délégué de l'Académie pour la ques-

(1) Max. Cornu. *Etudes sur le phylloxera vastatrix.*

(2) Henneguy. *Sur le phylloxera gallicole* (*in* Comptes rendus Acad. des Sc., 1882-83).

(3) Planchon et Lichtenstein. — *Congrès scient. de France*, 35e année. Extrait d'Actes du Congrès, Montp. 1872.

(4) *Loc. cit.*

tion du Phylloxera, on a observé assez souvent sur les espèces suivantes :

1° Dans le groupe des *V. Riparia* (Riparia Solonis, Taylor, Clinton, Franklin, Vialla, etc.).

2° Dans le groupe des *V. Labrusca* (York-Madeira, Isabelle, etc.).

3° Sur le *V. Rupestris*.

4° Dans le groupe des *V. Æstivalis* (Jacquez, Herbemont, etc.), elles sont beaucoup plus rares que dans les groupes précédents. M. Henneguy n'en a vu que sur des Cunningham.

Au moment de l'éclosion des bourgeons, les galles foliaires sont très peu nombreuses ; c'est à peine si on peut en trouver une ou deux par cep de vigne. Mais leur nombre augmente progressivement et vers les mois de juin et juillet, les feuilles en sont littéralement couvertes.

Ces galles font toujours saillie à la face inférieure des feuilles ; à l'état de développement complet, elles ont la forme de petites bourses pouvant atteindre le volume d'un petit pois ; leur couleur est rouge au début, surtout chez les *Riparia*, mais elles sont vertes ou d'un vert blanchâtre, plus pâles que les feuilles, lorsqu'elles sont tout à fait développées ; leur consistance est assez ferme et leur surface sillonnée longitudinalement. Elles sont toujours formées par une dépression de la face supérieure de la feuille ; leur orifice, en forme de fente plus ou moins sinueuse, est garni de poils roides et entrecroisés, fermant l'ouverture à tout ennemi venu du dehors, mais s'infléchissant pour livrer passage aux jeunes qui veulent quitter leur prison et qui proviennent des œufs pondus par une ou deux grosses mères pondeuses qui occupent la galle.

M. Cornu a étudié les modifications qui se produisent dans les tissus de la feuille pendant la formation gallaire et il a montré que ce n'est point seulement le parenchyme supérieur qui s'hypertrophie (opinion de Cave), mais aussi le parenchyme lacuneux inférieur; les éléments primitifs sont presque méconnaissables au sein du tissu gallaire, la chlorophylle est peu abondante, mais, en revanche il y a accumulation d'amidon, fait qui caractérise aussi les renflements radicellaires.

Si le Phylloxera qui sévit sur les vignes américaines est généralement gallicole, le phylloxera qui sévit sur nos vignes d'Europe est essentiellement radicicole. Mais disons tout de suite que c'est toujours le même phylloxera. On peut faire vivre facilement le phylloxera des feuilles sur les racines; en outre M. Balbiani a pu faire vivre le phylloxera des racines sur les feuilles. C'est la forme radicicole qui est dangereuse, en raison même du siège des nodosités ou sortes de productions gallaires qu'elle détermine.

M. Planchon, le premier, a fixé l'évolution de la maladie de la manière la plus précise : les radicelles, cylindriques et grêles à l'état normal, se renflent de diverses manières et prennent un aspect singulier qui frappe immédiatement l'esprit des cultivateurs habitués à observer les plantes saines; leur couleur jaune vif ou jaune d'or peut notablement varier, mais elle est toujours très modifiée, et finalement elle passe au brun.

Si la couleur des renflements varie beaucoup, il en est de même des formes de ces mêmes renflements. « Tantôt, dit M. Cornu, les renflements radicellaires ont l'apparence d'un crochet renflé dans la portion courbée; on les comparerait volontiers à un bec de héron. Le phylloxera occupe la partie interne de la courbure. Cette forme est de beaucoup la plus commune; le renflement n'est alors que peu développé en général et le plus souvent il résulte de l'action d'un seul phylloxera. Tantôt, au contraire, la radicelle est démesurément accrue, couverte de bosselures et creusée d'un grand nombre de cavités séparées et distinctes, ou confluentes. Ces dépressions impriment à la formation tout entière des torsions très diverses qui donnent lieu à des formes très nombreuses et très différentes. » Mais vers la fin de l'été les renflements prennent une teinte noire, deviennent flasques et se flétrissent; l'absorption n'a plus lieu, les radicelles sont supprimées de proche en proche et fatalement arrivent le dépérissement et la mort de la vigne.

En quel point précis ces renflements prennent-ils naissance? C'est à l'endroit même où le phylloxera attaque les radicelles pour se nourrir. Or, « toutes les fois qu'il peut le faire, le phylloxera se fixe toujours à l'extrémité de la radicelle en voie d'accroissement; jamais on ne le voit s'établir en son milieu. » La radicelle, ainsi qu'on le sait, se termine par un organe de protection, la coiffe ou piléorhize, qui s'exfolie sans cesse à l'extérieur tandis qu'elle se renouvelle du côté intérieur; immédiatement au-dessous de la coiffe se trouve le point ou sommet végétatif, partie essentielle qui donne les divers organes d'absorption et de nutrition et qui est toujours riche en plasma et en matières albuminoïdes. C'est là et non sur la piléorhize que se fixe le phylloxera. Avec une sûreté et une précision remarquables, l'insecte qui, après son éclosion a dû, sans prendre de nourriture, se mettre à la recherche d'un endroit qui pourra lui en fournir, arrive au point végétatif, s'y établit et demeure immobile, pendant que le tissu se renfle autour de lui pour lui créer une sorte d'abri.

Il demeure là, immobile, et n'abandonne le lieu qu'il a choisi que s'il en est chassé par un accident, quand, par exemple, la racine est brisée, quand elle pourrit, etc. Cependant, à la suite de ses mues, il est parfois repris par une certaine activité, et, alors, après avoir quitté sa peau, il se fixe à côté de la place qu'il occupait d'abord ou bien il s'éloigne pour chercher un autre domicile. Cette émigration est très singulière et non expliquée.

A l'automne, les rares renflements des radicelles qui existent encore sont généralement dégarnis d'insectes; ceux-ci les quittent, en effet, pour se porter sur les racines plus grosses. Leur instinct merveilleux leur a appris qu'à ce moment, toute l'écorce des radicelles s'exfolie ce qui serait pour eux une absence complète de nourriture s'ils n'opéraient une retraite prudente et anticipée. Sous leur influence, les grosses racines perdent leur aspect lisse; elles deviennent rugueuses et raboteuses.

Un des faits les plus singuliers révélés par l'étude anatomique des renflements radicellaires est l'accumulation de l'amidon auprès du point où l'insecte se tient. Cette accumulation amylacée a été considérée comme la cause de la maladie des vignes; d'autres hypothèses ont été faites encore, puis abandonnées. M. Cornu trouve là un fait assez naturel et assez général : « L'amidon se dépose dans les cellules douées d'une faible activité vitale quand elles sont immédiatement en rapport avec des cellules douées d'une vitalité extrême. » Or, d'après le même auteur, on sait que les cellules de la couche corticale qui avoisinent le phylloxera demeurent courtes et comme frappées d'un arrêt de développement tandis que les cellules plus extérieures s'accroissent et se dilatent notablement. C'est même « la dilatation de ces cellules, moins que la formation d'éléments nouveaux, qui produit la dilatation générale et détermine le renflement ».

Dès le moment où un renflement apparaît, il évolue d'une façon qui lui est propre. Cette évolution tient à une foule de causes, dont les principales sont le nombre des phylloxeras qu'il renferme et la plus ou moins longue durée de temps pendant laquelle il donne l'abri et la nourriture aux parasites qui ont déterminé sa formation. Cependant, en dehors de cette évolution spéciale, il y a une évolution générale à laquelle les nodosités sont toutes soumises : en effet elles disparaissent *simultanément* et brusquement, *comme par magie* (Balbiani); dans l'Hérault la disparition a lieu dès la première quinzaine du mois d'août, dans la Gironde et la Charente, durant la deuxième quinzaine du même mois.

Le mécanisme de cette disparition simultanée, les causes générales qui la provoquent, les hypothèses qui ont été faites pour l'expliquer constituent un des chapitres les plus intéressants de la physiologie des vignes malades, mais qui ne rentre pas dans le plan de ce travail.

CYCLE BIOLOGIQUE DU PHYLLOXERA VASTATRIX

L'insecte dont nous allons retracer le cycle biologique n'était pas un nouveau-venu dans la science lorsqu'il fut observé pour la première fois en France en 1868, par M. le professeur Planchon. Il était connu en Amérique dès l'année 1853 et il avait été désigné en 1858 par le célèbre entomologiste, Asa Fitch, sous le nom de *Pemphigus vitifoliæ*. En 1863, il fut trouvé en Angleterre, à Hammersmith, près de Londres, dans des « graperies » (serres à raisin) et Westwood le considéra comme une espèce nouvelle à laquelle il donna le nom de *Peritymbia vitisana*. Shimer, en 1867, créa pour le même insecte le nom de *Dactylosphæra*, nom qui devait rappeler la forme des poils du tarse. Nous avons vu qu'il a reçu de M. Planchon, d'abord le nom de *Rhizaphis*, puis enfin celui de *Phylloxera vastatrix* qui a été accepté de tout le monde.

Le genre Phylloxera avait été créé en 1834 par un entomologiste français très distingué, Boyer de Fonscolombe, pour un petit puceron qu'il signalait pour la première fois en Provence, sous les feuilles de diverses espèces du chêne. C'était le *Phylloxera quercus* que son créateur rangeait parmi les Aphidiens. « Si l'on ne considère que la forme ailée, munie de quatre ailes, le genre *phylloxera* serait bien un *Aphidien*, mais par sa génération ovipare au lieu d'être vivipare en été, par la forme générale du corps de l'aptère, par l'absence des organes buccaux chez les insectes sexués, le phylloxera se rapproche des *coccidiens* (cochenilles). » Tels sont les termes dans lesquels s'exprime M. J. Lichtenstein (1). Aussi le savant entomologiste de Montpellier n'hésite pas à former une famille intermédiaire entre les cochenilles et les pucerons qu'il appelle les *Phylloxériens*. Le caractère principal des Phylloxériens est de n'avoir dans toutes les phases de leur existence que trois articles aux antennes. « Pour tout le reste, ce sont de petits pucerons aplatis, ovales, piriformes ou testudiniformes selon les espèces ou leur état de développement. M. Lichtenstein les réduit à quatre espèces savoir; trois sur le chêne : *Phylloxera coccinea*, *corticalis*, *quercus*; une sur la vigne : *Ph. vastatrix*. Nous nous occuperons de ce dernier.

Au point de vue de l'évolution qui le caractérise, le phylloxera vastatrix est un véritable Protée. Telle est l'expression qu'emploie M. Lichtenstein.

Quand on examine, au printemps, les renflements radicellaires d'une vigne malade, on trouve sur ces renflements des phylloxeras aptères fixés par leur suçoir. Tous ces phylloxeras sont femelles. Ce sont des mères pondeuses, des fondatrices de colonies. Parthénogénésiquement, c'est-à-dire sans fécondation préalable par le concours d'un mâle, ces mères pondeuses déposent de nombreux œufs ($0^{mm}24$ sur $0^{mm}13$) qui éclosent au bout de huit jours. Les larves qui en proviennent subissent successivement trois mues espacées de trois à cinq jours suivant le degré de température et deviennent adultes une vingtaine de jours environ après leur éclosion. Tandis que les larves n'ont qu'un article au tarse et sont dépourvues de tubercules, les formes adultes ont deux articles au tarse et présentent des tubercules. Toutes ces formes adultes sont des femelles aptères qui pondent, par parthénogenèse comme leur mère, cinq ou six œufs par jour. La ponte dure environ vingt jours d'après M. Balbiani, mais le nombre d'œufs

(1) Lichtenstein. — *Notes pour servir à l'histoire des Insectes du genre Phylloxera*. Paris. Masson, 1876.

pondus diminue progressivement, de sorte que chaque pondeuse ne dépose environ qu'une cinquantaine d'œufs; de chacun de ces œufs sort encore une femelle. Elle est semblable à la mère et pond de la même manière sans fécondation un même nombre d'œufs qui se comporteront de même.

On observe ainsi durant toute la belle saison une série régulière de générations parthénogénésiques semblables, de sorte qu'en deux mois on peut calculer qu'une mère pondeuse, une fondatrice de colonies, a donné naissance par ses générations successives à environ 150,000 individus. Ce chiffre est déjà assez élevé, mais il a été considérablement dépassé par tous les auteurs qui n'ont pas tenu compte de la diminution progressive du nombre d'œufs dans les pontes successives des femelles parthénogénésiques.

Dans les dernières générations, c'est-à-dire vers la fin de juin, juillet au plus tard suivant les régions, on voit apparaître des individus à forme plus élancée qui subissent une quatrième mue. Ce sont les nymphes ; sur le second article du thorax, on distingue très nettement les fourreaux noirs de la première paire d'ailes correspondant aux élytres des coléoptères ; les fourreaux de la seconde paire d'ailes sont plus petits et cachés sous les premiers. Les nymphes se trouvent généralement sur les plus grosses nodosités. Elles se rapprochent de la surface du sol et deviennent, après une cinquième mue, des insectes ailés. Divers observateurs ont assisté à cette transformation.

« Ce qui frappe au premier coup d'œil, dit M. Cornu, quand on observe un individu ailé aussitôt après la mue, c'est sa couleur : elle est d'un jaune d'or très vif et très brillant, le thorax est d'un jaune plus pâle, les ailes sont blanches, les membres flexibles et transparents; l'animal est agité d'un mouvement continuel. La nymphe était couverte de tubercules, il en est entièrement dénué et n'en acquiert jamais. Les deux paires d'ailes sont encore chiffonnées et molles... les grandes recouvrent les petites qui sont peu visibles... l'insecte les écarte de son corps et les déplie lentement, elles s'allongent peu... les nervures deviennent bientôt distinctes et les trachées apparaissent à leur intérieur... Les petites ailes apparaissent bientôt en dehors et s'étendent librement à leur tour. » Finalement, elles reposent à plat sur le dos et se prolongent beaucoup au delà de la partie postérieure de l'abdomen.

Ces phylloxeras ailés ne sont connus que depuis 1875; à cette date M. P. Boiteau appela l'attention sur eux et découvrit leur lieu de ponte. Leur évolution ultérieure a été observée par M. Balbiani.

Leurs ailes ne leur permettent pas de voler sur de bien grandes distances; mais elles présentent une curieuse adaptation qui maintient la solidarité des deux ailes pendant le vol et augmente la prise au vent ; les petites ailes présentent sur le bord extérieur deux petits crochets très rapprochés qui se fixent dans une sorte d'encoche située sur le bord interne élargi de la grande aile correspondante. Les phylloxeras ailés se réunissent en essaim et profitent du beau temps pour s'envoler ou se faire transporter par les vents à des distances parfois très éloignées de leur lieu de naissance, même à une dizaine de kilomètres. Ils vont s'abattre sur les vignes. Ces individus ailés sont tous des femelles, chacune d'elles se rend à la face inférieure des feuilles et pond dans l'intervalle des grosses nervures quatre ou six œufs de deux tailles: les gros mesurent 0^{mm} 40 sur 0^{mm} 20 et les petits 0^{mm} 26 sur 0^{mm} 13. Les premiers donnent naissance à des femelles sexuées aptères, et les seconds à des mâles aptères aussi, mais moins nombreux. Ces individus sexués, de très petite taille, sont remarquables par la disparition à peu près totale du tube digestif. Le suçoir n'existe plus. Il est remplacé par un petit tubercule. Le tube digestif en lui-même est considérablement atrophié. C'est à peine si M. le Dr Lemoine de Reims en a trouvé quelques vestiges. Nous avons dit que les mâles étaient moins nombreux que les femelles, mais ils suffisent à plusieurs accouplements. Leur vie n'a d'autre but que d'assurer la fécondation, car ils ne prennent aucune nourriture. La femelle fécondée descend le long des sarments et va chercher sous l'écorce des ceps et généralement sous l'écorce d'un bois de deux ans un endroit propice pour pondre. Elle ne pond qu'un seul œuf et meurt immédiatement après. Cet œuf de 0^{mm} 17 à 0^{mm} 30 a été désigné par M. Balbiani sous le nom d'*œuf d'hiver*. C'est le seul qui exige pour son développement et son évolution ultérieure, le contact de l'élément mâle. Cet œuf offre la coloration même de l'écorce ; il est grisâtre ou brunâtre et par cela même difficile à trouver.

Attaché par un court pédicelle à l'endroit où la mère l'a pondu, il passe en cet état toute la saison froide, garanti des intempéries de la saison par la portion d'écorce qui le recouvre. Au printemps suivant, lorsque les bourgeons commencent à s'épanouir, cet œuf éclôt et donne naissance à l'insecte qui nous a servi comme point de départ, à la mère pondeuse, à la fondatrice de colonies, au phylloxera printanier de M. Balbiani.

« Une certaine obscurité règne encore sur ce qu'on peut appeler les premiers pas de cet insecte (1) : se dirige-t-il d'abord vers les feuilles pour y mener quelque temps une vie aérienne avant de s'enfoncer dans le sol, ou descend-il directement dans l'intérieur de celui-ci après son éclosion ? C'est ce qu'on ne sait pas encore d'une façon positive. Il paraît avéré toutefois que la nature du cépage n'est pas sans influence sur la direction qu'il prend au sortir de l'œuf. Les galles nombreuses dont se couvrent presque régulièrement au premier printemps certains cépages américains, les *Riparia*, *Solonis*, *Clinton* et autres, et dont l'apparition coïncide avec

(1) Balbiani. *Observations sur le phylloxera*. Paris, 1874.

l'époque d'éclosion des œufs d'hiver attestent que, aussitôt nés, les jeunes insectes se dirigent, sinon tous, du moins en grand nombre, vers les organes aériens de la vigne pour y fonder ces colonies de gallicoles qui s'y succèdent pendant toute la belle saison. Au contraire, l'absence ou du moins l'extrême rareté des galles sur nos vignes indigènes, prouve que, dédaignant les feuilles de ces cépages, ils vont directement aux racines et ne reviennent à l'air qu'aux périodes de migration. »

Quoi qu'il en soit, l'individu issu de l'œuf d'hiver, la mère fondatrice, en un mot, recommence, si elle descend sur les racines, le cycle des générations parthénogenésiques tel que nous l'avons parcouru. Là, elle se trouve à côté de femelles parthénogenésiques provenant d'un œuf d'hiver de l'année ou des années précédentes. Car, parmi les dernières générations de juillet et août au plus tard, il n'y a qu'un certain nombre de femelles qui passent par la phase de nymphe et deviennent ailées. Les autres ne quittent pas les organes souterrains où elles passent l'hiver dans les conditions de l'hibernation. Immobiles et dans un ralentissement profond des fonctions vitales, ces phylloxeras hibernants se réveillent au printemps et se mettent à pondre parthénogenésiquement comme l'année ou les années précédentes, suivant qu'ils aient vécu un ou plusieurs hivers. Ces phylloxeras souterrains peuvent se multiplier par parthénogenèse pendant un nombre d'années encore indéterminé. Mais M. Balbiani qui a fait une étude approfondie des organes génitaux dans les différents stades biologiques, a montré qu'il y avait une dégénérescence constante des gaines ovariques, à mesure qu'augmentait le nombre des générations parthénogénésiques. Ainsi la mère fondatrice (celle qui sort de l'œuf d'hiver) possède de nombreuses gaines ovariques et est douée d'une grande fécondité; mais les mères pondeuses des générations suivantes ont un nombre de gaines successivement moindre, si bien que la femelle ailée n'en a que trois ou quatre et la femelle sexuée enfin n'en possède plus qu'une seule, et ne pond qu'un seul œuf. Cette dégénérescence se produisant chez les phylloxeras hibernants, les générations qui en proviennent au réveil du printemps, sont moins nombreuses que celles de la mère fondatrice. De telle sorte que l'espèce subit une dégénération croissante et l'espèce finirait par s'éteindre, si elle n'était pas régénérée de temps en temps par des individus sexués et par l'œuf d'hiver.

Si la mère fondatrice est gallicole, elle vient sur les feuilles où elle forme des galles. Elle commence comme la forme radicicole, un cycle de générations parthénogénésiques, mais leur existence se passe dans des galles. Les gaines ovariques de ces générations subissent aussi une dégénérescence progressive, ainsi que l'a montré M. le docteur Henneguy (1). Une certaine obscurité règne au sujet des individus sexués qu'on ne connaît pas encore, de même que l'œuf d'hiver auquel ils doivent donner naissance. Les femelles parthénogenésiques ne descendent-elles pas à un moment donné sur les racines pour subir la transformation en nymphe et en insecte ailé? Nous savons que l'identité du phylloxera des feuilles et des racines est parfaitement établie.

Et maintenant, pour terminer cette question importante du phylloxera, comment cet insecte destructeur a-t-il pris l'habitude de son double genre de vie aérien et souterrain?

Rappelons tout d'abord quelques points essentiels :

1° Cet insecte montre une prédilection accentuée pour les feuilles de sa plante nourricière originelle, la *vigne américaine*, prédilection témoignée par la fréquence des galles sur ces feuilles;

2° Dans nos *vignes indigènes*, il préfère les organes souterrains aux organes aériens;

(1) *Comptes rendus de l'Académie des sciences*, 1883.

3° Cependant les phylloxeras gallicoles deviennent radicicoles et réciproquement avec la plus grande facilité.

Et maintenant voici comment les choses ont dû se passer, d'après M. Balbiani (1) :

« On sait que rien n'est mieux établi que le fait de la disparition, à l'approche de l'hiver, des colonies de nos pucerons ordinaires, qui passent la belle saison sur les parties vertes des plantes, et que l'espèce n'échappe à la destruction que grâce aux œufs qu'ils ont pondus l'automne précédent. Mais on sait aussi que quelques femelles vivipares hivernent çà et là, cachées sous les pierres, la mousse, l'écorce des arbres, pour continuer à se reproduire au printemps. En s'enfonçant sous terre, les premiers phylloxeras n'avaient probablement aussi d'autre but que d'hiverner, et, ayant rencontré les racines de la vigne, ils s'y sont fixés. Ils se sont si bien trouvés de cette nouvelle condition qu ils ne sont plus retournés aux feuilles au printemps, mais sont demeurés sur les racines et s'y sont multipliés. Ce qui n'avait d'abord été qu'un accident pour quelques individus est devenu plus tard une loi pour l'espèce et peu à peu la vie souterraine a pris le dessus sur la vie aérienne.

Seul, le merveilleux instinct de migration, qui exerce un empire si puissant sur un grand nombre d'animaux, les rappelle périodiquement à la surface du sol, d'où l'on voit s'élever à la fin de l'été ces essaims d'ailés qui se répandent de tous côtés et fondent de nouvelles colonies retrempées par l'accouplement.

« En un mot, le phylloxera n'est devenu radicicole que par nécessité, c'est-à-dire pour échapper aux causes de destruction par le froid et l'absence de nourriture, et cet intérêt s'est perpétué et fortifié par transmission héréditaire de génération en génération jusqu'à nos phylloxeras actuels. »

(1) Balbiani. *Observations sur le phylloxera.* Paris, 1884, p. 20.

ENNEMIS DU PHYLLOXERA VASTATRIX

Comme tous les insectes, à quelque ordre qu'ils appartiennent, le phylloxera a ses ennemis naturels qui le menacent plus ou moins dans son existence.

Dans une note présentée à l'Académie des sciences en 1880, M. Coste a signalé plusieurs ennemis du phylloxera gallicole, les uns bénins, les autres assez sérieux.

Dans la catégorie des ennemis bénins, doit être rangée une larve d'un acarien, celle du *Trombidium fuliginosum*. Elle a été trouvée dans les galles de trois cépages américains, le Clinton, le Vialla et l'Oposta, suçant la mère pondeuse. « En raison de son peu d'agilité, cette larve n'est pas capable de nuire considérablement au phylloxera. Elle ne peut s'attaquer qu'aux pondeuses immobiles, jamais aux jeunes, qui sont très agiles. » L'adulte du *Trombidium fuliginosum* est, au contraire, doué d'une grande agilité. Il fait la chasse au phylloxera sur les feuilles et dans les grosses galles. M. Coste dit parfois l'avoir trouvé entouré de cadavres de jeunes. Toutefois, on ne doit pas trop compter sur lui pour diminuer sensiblement la population phylloxérienne, en raison même des moyens de multiplication qui, comme ceux de tous les Acariens, sont trop limités quand on les compare avec les nombreuses générations qu'accorde la parthénogenèse à la propagation du terrible ennemi de la vigne.

Un arachnide, le *Gamasus viridis*, a été trouvé dans les galles phylloxériques. Mais il n'a pas été possible de le surprendre, dévorant d'une façon bien certaine, le phylloxera.

M. Coste (1) signale deux *Thripsiens*, dont l'espèce ne paraît pas déterminée d'une façon certaine, qu'il considère comme carnassiers, s'attaquant au phylloxera gallicole, bien qu'il ait

(1) Coste : *Comptes rendus de l'Académie des sciences*, 1880, t. 91.

été admis jusqu'ici que les *Thrips* sont tous exclusivement phytophages.

D'après le même auteur, l'ennemi le plus sérieux est représenté par une larve du genre *Scymnus*. On s'est assuré par une observation rigoureuse et directe, qu'elle était très vorace des pondeuses, des jeunes et des œufs du phylloxera. « C'est par succion qu'opère la larve, dit M. Coste, non pas seulement du liquide, mais bien de toute la matière contenue dans le corps du phylloxera. Lorsque celui-ci est presque vide, et pour mieux le nettoyer, la larve y injecte et aspire alternativement un liquide de couleur jaune sale, jusqu'à ce qu'il ne reste plus que la peau. En quelques instants, qu'il s'agisse d'un phylloxera ou d'un œuf, l'opération est terminée. »

Divers entomologistes ou savants ont fait connaître à des époques différentes, beaucoup d'autres insectes dont le parasitisme exerce une influence plus ou moins nuisible sur le destructeur des vignobles

Le premier qui fut signalé en Europe comme phylloxérophage, est l'*Anthocoris memoralis*. MM. Planchon et Lichtenstein, en 1868, examinant à Sorgues la première galle signalée, découvrirent cet hémiptère en train de manger des phylloxeras aériens. Cette année là encore, MM. Planchon et Lichtenstein, virent dans des galles phylloxériques une petite *coccinelle noire* qui dévorait le contenu de neuf galles sur dix. En 1877, M. Lichtenstein, sur des feuilles à galles de Clinton, remarqua comme étant gourmandes de la chair du phylloxera, en outre du *Trombidium sericeum*, les larves d'un coléoptère, la *coccinelle à douze points blancs*. Enfin en 1881 (1) M. Planchon a signalé un cas très curieux de parasitisme. C'est la présence dans les serres chaudes du jardin des plantes de Montpellier d'un cryptogame insecticide (un *Botrytis*, même genre

(1) J.-E. Planchon. *Note sur un cryptogame insecticide*. Comp. rend. Ac. sc. p. 1193-1881.

que celui des vers à soie) qui sur une cinéraire a tué tous les pucerons de la plante.

Ces pucerons forment une espèce du genre *Siphonophora* non décrite. L'action du botrytis est foudroyante en serre chaude.

Elle paraît diminuer et s'arrêter même à la température de l'air ambiant.

Il y a donc, dit M. Lichtenstein, une espèce de muscardine qui, dans des circonstances données, peut, tout d'un coup, tuer tous les pucerons sur une plante.

On a essayé d'inoculer ce cryptogame parasite à d'autres pucerons (*Chaitophorus Aceris*) et au phylloxera.

A cette liste du phylloxera vastatrix, on pourrait en ajouter bien d'autres (1). Malheureusement de tous ceux qui sont connus, aucun n'est un adversaire assez puissant pour lutter contre lui et empêcher sa rapide multiplication.

B. — APHIDIENS

GALLES DU TÉRÉBINTHE (PISTACIA TEREBINTHUS. LIN.)

Les galles que l'on observe sur le Térébinthe (*Pistacia terebinthus.* Lin.) sont intéressantes non seulement au point de vue de la tératologie végétale mais aussi au point de vue des Insectes qui les habitent. Elles n'ont pas été l'objet de nombreuses études et cependant elles sont bien connues, surtout depuis les recherches entreprises par M. *Courchet* et consignées dans ses excellentes thèses (2).

M. *Lichtenstein*, par ses remarquables études sur les *Puce-*

(1) Voir Martin. *Congrès international phylloxérique de Bordeaux.*

(2) Courchet. *Etudes sur les galles produites par les Aphidiens*, Montpellier, 1879.

rons, a contribué pour une grande part à étendre nos connaissances sur ce sujet et nous aurons dans la suite de ce chapitre à lui faire beaucoup d'emprunts. Dès ce moment même nous prendrons un tableau synoptique donné par ce savant pour la *Feuille des jeunes Naturalistes*, dans lequel il établit de la façon la plus nette pour l'esprit la classification des galles qui nous occupent et le nom de leurs habitants :

1	Galles formées aux dépens de la nervure médiane.	2
	Galles formées aux dépens du limbe de la feuille	3
2	Galle en forme de grosse silique renflée ou de corne allongée	*Pemphigus cornicularius* Pass.
	Galle en forme de petite pomme d'api et en ayant la couleur . . .	*P. utricularius* Pass.
3	Galle formée par un repli plat, appliqué sur la feuille	5
	Galle formée par un repli véricuIeux, boursouflé	4
4	Boursouflure rouge, régulière, arrondie en boudin droit sur le bord de la feuille.	*P. follicularius* Pass.
	Boursouflure blanche, crispée, dressée en demi-lune sur le bord de la feuille	*P. semilunarius* Pass.
5	Feuille repliée sur la face supérieure du limbe.	*P. pallidus* Derbès.
	Feuille repliée sur la face inférieure du limbe.	*P. retroflexus* Courchet.

Nous ne nous occuperons d'abord que de ces diverses galles, nous réservant de faire une étude générale des Pucerons lorsque nous aurons décrit toutes les galles produites par cet intéressant groupe d'Hémiptères homoptères.

1° La *galle en corne* ou *P. cornicularius*, quand elle est entièrement développée, offre l'aspect d'une énorme gousse pouvant dépasser 0^{m}15 de longueur, à surface glabre, mais parcourue par un grand nombre de légères cannelures longitudinales. Si une cause mécanique quelconque s'oppose à sa croissance, elle est courte, ramassée sur elle-même; dans tous les autres cas, elle est allongée, mais diversement contournée et généralement elle décrit un arc à concavité supérieure. La partie moyenne est renflée, la partie basilaire diminue en diamètre et son extrémité libre est terminée en une pointe aiguë. Sa couleur est verte au printemps et en été, rouge plus tard et enfin elle passe au brun quand elle se dessèche. On la trouve presque toujours au sommet épaissi et recourbé en crosse d'un rameau de l'année.

Son développement a été suivi par M. Courchet; mais nous ne pouvons que renvoyer le lecteur aux intéressantes observations faites par ce naturaliste.

2° La *galle utriculaire*, c'est-à-dire déterminée par le *P. utricularius* est « toujours située à la base et sur le côté de la nervure médiane d'une foliole ; elle forme à la face inférieure du limbe une sorte de vessie dont le volume varie de la grosseur d'une cerise à celle d'une pomme. Elle est lisse et luisante, arrondie ou plus ou moins lobée, quelquefois multiple en apparence et réunie à la foliole par un pédicule ordinairement court (1). »

La couleur est verte ou vert jaunâtre d'abord ; plus tard elle est comme lavée de rouge ou même entièrement d'un beau rouge; à ce moment elle ressemble à un vrai fruit; après le départ de ses habitants elle brunit en se desséchant.

Ces deux galles renferment une oléo-résine en grande abondance ; si on les pique en un point quelconque, cette oléorésine sort en écumant, puis se concrète en un petit globule transparent et visqueux au-dessus de la blessure.

Le développement de la *galle utriculaire* a aussi pu être saisi par M. Courchet.

3° Les galles produites par les *P. pallidus*, *retroflexus*, *folli-*

(1) Courchet. *Op. cit.*

cularius, *semilunarius* sont toutes formées par un repli des bords du limbe sur la face supérieure.

La galle du *P. pallidus* a la forme d'une bourse allongée et aplatie; elle occupe environ le quart du limbe en largeur; elle est le plus généralement placée parallèlement à l'axe de la foliole et ne s'étend jamais du sommet à la base du limbe. Elle demeure toujours dans le plan du limbe qui s'accroît exactement en largeur d'une quantité égale à celle de la portion repliée, en sorte que son contour en est à peine altéré; comme, en outre, la couleur de cette galle est d'un vert peu différent de celui de la feuille, cette formation échappe aisément aux yeux d'un observateur inattentif.

Certains pieds de térébinthe en portent un grand nombre; souvent une même feuille en porte deux symétriquement placées sur sa face supérieure et sa face inférieure.

De même que pour toutes les galles de cette plante, la coloration de la galle du *P. pallidus* change avec l'âge : dans l'arrière-saison elle est jaune, puis rouge. Cependant, quelquefois après le départ des insectes, elle reste verte et continue à végéter comme le reste de la foliole.

La galle du *P. retroflexus* est très analogue à la précédente, mais elle est plus petite, plus rare aussi et elle occupe la face inférieure du limbe; la galle du *P. pallidus* occupe, au contraire, la face supérieure des feuilles.

Le *P. follicularius* produit sur une même foliole cinq à six galles qui forment une sorte de bordure sur le limbe; la forme de ces galles est celle d'une bourse petite et rouge, renflée et plus ou moins allongée. Quelquefois, la foliole tout entière, mal développée, s'enroule pour former une galle unique.

Ce puceron a donné lieu à une observation intéressante de M. Courchet. Dès les premiers jours de mai, M. Courchet remarquait au sommet des folioles et sur la nervure médiane de petites poches rougeâtres formées par un enfoncement du limbe vers la face inférieure ; ces petites formations se vidaient ensuite peu à peu et disparaissaient. Or les galles du *P. follicularis* n'apparaissaient que dans le courant de juin et on en voit se former encore dans le mois de juillet. Ce fait avait frappé M. Courchet, et en étudiant avec soin les Insectes de ces deux sortes de productions, il arriva à conclure que les galles de mai contiennent une mère fondatrice qui produit bientôt des jeunes absolument semblables à elle, qui forment les galles de juin et de juillet, d'où deux formes de *P. follicularius*.

La galle de *P. semilanarius* a des caractères bien spéciaux : « au lieu de demeurer droite et plate comme celle du *P. pallidus*, elle s'accroît irrégulièrement sur ses deux faces et s'arque fortement en entraînant le limbe dans son mouvement de torsion Courchet (1). » Ce mouvement se continue souvent assez longtemps pour qu'il se constitue ainsi un anneau presque complet. La surface de cette galle, glabre et luisante, présente un grand nombre de petits sillons dessinant un réseau; sa couleur est vert jaunâtre, puis passe par les différentes teintes que nous avons signalées pour les autres galles.

M. Courchet a observé aussi le développement de ces galles, mais ici comme plus haut, nous ne pouvons que renvoyer le lecteur au travail remarquable que nous avons déjà maintes fois signalé.

AUTRES GALLES DES TÉRÉBINTHACÉES

On connaît un certain nombre de productions gallaires, analogues à celles que nous venons de passer en revue, sur des végétaux appartenant à la même famille et qui, en raison de leur utilité pharmaceutique ou industrielle, ont attiré notre attention.

(1) Courchet. *Etudes sur les Aphides*. Montpellier, 1878.

1° Nous signalerons d'abord la galle connue sous le nom de *Caroub de Judée* et figurée dans Clusius et Lobel; cette galle est probablement celle dont parle Réaumur (1) : « Les Turcs, dit-il, font entrer dans la composition de leur teinture rouge une espèce de galle qu'ils nomment *bazgenges*, dont M. Savary n'a pas oublié de faire mention dans son *Dictionnaire du Commerce;* il dit que les Turcs mêlent ces bazgenges à la cochenille et au tartre pour faire une partie de leur écarlate; il ajoute que ce fruit est rare en France, ce qui fait qu'on ne s'en sert point..... Je n'ai aperçu aucune différence sensible entre les galles desséchées que M. Greger a envoyées et les galles desséchées de M. le comte de Suze..... En un mot, les bazgenges de Syrie paraissent être nos vessies du térébinthe et servent sans doute de même de logement aux pucerons. » Réaumur avait sans doute vu fort juste, car, si de plus, on se reporte à la description donnée par Guibourt (2) sur le Caroub de Judée, on aura la conviction que cette production et la galle en corne du P. therebinthus sont une seule et même chose. « Cette galle, dit Guibourt, a la forme d'une vésicule longue et aplatie, élargie au milieu et amincie aux deux extrémités... Elle est d'une couleur rouge décidée, surtout à l'extérieur, qui est strié longitudinalement et doux au toucher, etc. »

2° La *galle noire et cornue du pistachier*, décrite et figurée par Guibourt (*loc. cit.*) « est longue de 4 à 6 cent., épaisse de 8 à 15 mill., plus ou moins recourbée et terminée par une pointe aiguë. Elle est souvent comme toruleuse dans sa longueur, d'un gris noirâtre à la surface et elle offre souvent de petites glandes plates et circulaires d'où exsude une résine jaune ». Dans les *Adversaria* de Lobel, cette galle accompagne la figure du *Pistacia narbonensis ;* Guibourt regardait le *P. narbonensis* comme une variété de *P. terebinthus*, mais M. Planchon a montré que cette plante n'est en réalité qu'un hybride,

(1) Réaumur, *Mémoire pour servir à l'histoire des Insectes*.

(2) Guibourt, *Hist. nat. des drogues simples*, t. III, p. 498.

ou mieux un métis, entre le térébinthe et le pistachier franc.

La *galle noire et cornue* est, d'après Guibourt, très différente de la *galle en corne* du térébinthe; il serait pourtant possible, pour M. Courchet, que cette galle soit une des nombreuses variétés de la forme en corne.

3° La *galle du pistachier de Bouckara*, décrite par Guibourt, comme une production toute spéciale, a beaucoup de ressemblance avec la galle utriculaire du térébinthe; elle est cependant plus petite et elle porte une petite pointe terminale qu'on ne trouve pas dans cette dernière. Aussi n'est-il guère possible d'identifier absolument ces deux sortes de formes. La galle du pistachier de Bouckara est brun rougeâtre; son volume est celui d'une grosse noisette; elle est ovoïde ou sphérique. Quand on la coupe, elle exhale une odeur térébinthacée, sa saveur est astringente et plus aromatique que celle des galles du *P. terebinthus*.

4° La *galle de Chine* ou *Poey-tse* avait d'abord été attribuée à une Hamamélidée, mais Schenck et Hanbury ont reconnu qu'elle appartient à une térébinthacée, le *Rhus semialata;* le puceron qui en occasionne la naissance a été décrit par M. Doubleday sous le nom d'*Aphis Chinensis.*

Le volume de cette galle est entre le volume d'une châtaigne et celui du poing; la forme en est très variable, mais en général ronde ou oblongue, à contour inégal.

D'après Guibourt, la nature morphologique de la galle est un bourgeon; elle paraît en effet avoir résulté « du développement monstrueux d'un bourgeon retenant à sa base des vestiges d'écailles imprégnées d'un suc gommeux ».

La galle de Chine est employée comme colorant dans le pays même où on la récolte.

5° *La galle de Myrobolan citrin* est ainsi décrite par Guibourt (*loc. cit.*) : « Elle est simple ou didyme, longue de 25 à 35mm, généralement ovoïde, aplatie et ridée longitudinalement par la dessiccation; d'une couleur jaune verdâtre de myrobolan citrin à l'extérieur, tuberculeuse et brunâtre à l'intérieur, toujours vide et privée d'insectes. Elle est fortement astringente et aussi bonne que la noix de galle pour la teinture en noir. »

Il est probable que cette galle a servi de demeure à des pucerons ; elle naît, dit-on, sur les feuilles de l'arbre qui produit le myrobolan citrin, et elle arrive, mélangée avec ce dernier produit, des Indes Orientales. L'arbre qui la porte n'est pas connu; on croit cependant qu'il s'agit du *Terminalia Chebula Gærtn.*

GALLES DU PEUPLIER NOIR

On trouve sur le peuplier noir jusqu'à cinq espèces différentes de galles; nous allons les décrire successivement en nous aidant des travaux qui ont été faits sur ce sujet, en particulier sur les observations de M. Courchet.

1° La *galle en spirale* ou du *Pemphigus spirothecæ* Pass. est à la fois l'une des plus communes et des plus singulières qu'on ait rencontrées; aussi a-t-elle été remarquée de tout temps et décrite bien des fois : Malpighi, Réaumur, Lacaze-Duthiers et beaucoup d'autres naturalistes nous en ont laissé des descriptions plus ou moins complètes.

Aux mois d'août et de septembre, on voit sur les branches du peuplier un grand nombre de feuilles qui portent sur leurs pétioles une tubérosité ayant parfois le volume d'une noix; le limbe des feuilles atteintes est toutefois aussi vert et aussi vivant que celui des feuilles saines. « En examinant de près cette formation, on ne tarde pas à y remarquer une fente qui décrit autour d'elle une spire à un ou deux tours et dont les bords s'écartent avec facilité dès qu'on vient à tirer sur les deux extrémités du pétiole, laissant voir l'intérieur de la galle. On s'aperçoit alors que cette formation curieuse est creusée d'une cavité dans laquelle s'agite une multitude d'Aphidiens de forme, de couleur et de grosseur différentes, au milieu d'un nombre considérable de gouttelettes d'un liquide légèrement opalin et des dépouilles blanchâtres laissées par les insectes après leurs mues. Si l'on vient à lâcher l'un des bouts du pétiole, les diverses parties de la galle reviennent sur elles-mêmes avec élasticité et la fente se trouve close de nouveau (1). » Ce premier examen suffit à montrer que la galle est formée par le pétiole enroulé une ou plusieurs fois sur lui-même en une spirale dont les bords se sont ensuite accolés de façon à circonscrire une cavité interne; de plus, cette torsion s'est accompagnée d'un accroissement des tissus.

Au début, la galle est verte; à la fin de septembre, elle est recouverte par places d'une écorce fendillée.

Sur certains peupliers, cette galle est tellement abondante qu'on n'y peut trouver une seule feuille indemne.

2° La seconde forme de galle du peuplier noir est produite, d'après *Koch*, par le *Pachypappa marsupialis;* elle est produite aux dépens du limbe de la feuille et elle se présente sous la forme de follicule allongé dans le sens de la nervure médiane, comprimé latéralement, fortement saillant à la face supérieure du limbe et s'ouvrant en dessous par une fente longitudinale. Jamais on ne trouve cette galle au sommet de la feuille, mais toujours dans la moitié inférieure du limbe, tout contre la nervure médiane; au reste, sa position peut varier, quoique dans des limites très restreintes.

La surface est glabre, luisante et couverte d'aspérités; la couleur varie du vert jaune au rouge intense. Beaucoup plus rare que la précédente, la galle du *Pachypappa marsupialis* est en plein développement dans le mois de juin.

3° La troisième forme de galle est très commune et elle a été connue de tout temps; elle est produite par le *Pemphi-*

(1) Courchet, *loc. cit.*, p. 47.

gus bursarius et se montre dans les mois de juillet et d'août comme une excroissance latérale des jeunes rameaux. Sa forme est roide ou irrégulièrement sphérique, quelquefois allongée à la façon de la galle en corne du térébinthe; elle est toujours étranglée au voisinage d'une insertion et parfois l'étranglement s'est transformé en un petit pédicule. Son extrémité libre est munie d'une ouverture fermée presque entièrement par de grosses lèvres irrégulières, épaisses et réfléchies vers l'extérieur. Lorsqu'on produit une secousse sur la galle ou sur le rameau, on fait sortir par cette ouverture les pelotes blanches formées par les dépouilles des pucerons qui l'ont habitée et des gouttelettes d'un liquide analogue à celui que nous avons eu déjà l'occasion de signaler.

Ces productions sont très nombreuses; quelquefois elles s'accolent en grand nombre à la naissance d'un jeune rameau; dans ce cas, elles se compriment réciproquement et prennent les formes les plus variées. Leur surface extérieure est lisse et verte avant leur maturité; après le départ des habitants, les galles se recouvrent d'une écorce brune fissurée.

La galle du *P. bursarius* se produit aussi souvent sur le pétiole, mais alors elle a la forme d'une pyramide très surbaissée dont la base très large se confond avec le pétiole fortement hypertrophié en ce point; elle se termine par une sorte d'arête ou de biseau le long duquel règne la fente qui donne accès dans la cavité interne.

Il n'est cependant point démontré qu'il y ait identité complète entre l'insecte qui produit ces galles sur les pétioles et celui qui produit les galles sur les rameaux.

4° La quatrième forme de galle, qui est produite par le *Pemphigus populi*, ne paraît pas avoir été décrite par d'autres que M. Courchet (*loc. cit.*). Elle est rare dans le midi de la France et elle se produit sur la nervure médiane; elle s'insère à la base même de cette nervure et sur la face supérieure du limbe; arrondie, ovoïde ou oblongue, elle présente une surface lisse et luisante d'un vert clair et elle est parsemée de petites taches blanchâtres.

Au point qui correspond à son insertion, on trouve sur la face inférieure du limbe une fente limitée par deux bourrelets; mais ici la fermeture est complète et les insectes ailés s'échappent par des déchirures produites sur les parois.

5° Le *Pemphigus affinis* produit sur le peuplier noir seulement un ploiement de la feuille le long de la nervure médiane, de telle façon que les bords de chaque moitié du limbe sont venus s'accoler, et le limbe est ainsi transformé en une vaste cavité dont la paroi interne est formée par l'épiderme supérieur de la feuille. La couleur de cette formation, à laquelle on peut refuser la qualité de galle, est vert jaunâtre; la surface externe apparaît comme boursouflée et toute couverte de mamelons arrondis.

Réaumur, qui a décrit ces productions, considère comme une galle chacune de ces petites tubérosités dont la présence aurait été précisément la cause de la courbure du limbe.

6° Nous devons enfin signaler une dernière forme de galle, dont le développement n'a pas encore été suivi avec soin, mais qui a pour cause, d'après Passerini (1), le *Pemphigus vescarius*. M. Lichtenstein en a recueilli un certain nombre dans les environs de Lamalou.

Voici la description donnée par le savant auteur italien : « Gallæ vesiculosæ varie tuberculato lobatæ ori gallinacei magnitudine e gemmis terminalibus ramulorum. »

Cette galle naîtrait donc à l'extrémité même des rameaux et conséquemment elle pourrait résulter de la croissance anormale et de la soudure des feuilles par un phénomène analogue à celui que nous trouverons dans la formation des galles de l'orme.

(1) Passerini. *Aphididæ italicæ hujusque observatæ.*

GALLES DE L'ORMEAU

On trouve sur l'ormeau six sortes de galles qui sont classées par M. Lichtenstein (1) dans le tableau synoptique suivant :

1	Galles s'élevant sur la feuille sans la déformer.	2
	Galles déformant la feuille elle-même.	4
2	Galle portée sur un pétiole, arrondie	3
	Galle à pétiole très court ou nul, aplatie en crête de coq.	*Colopha compressa*, Koch.
3	Galle sphérique, charnue, lisse, verte ou jaunâtre	*Tetraneura ulmi*, Kalt.
	Galle plus grosse, mince, velue, vériculeuse et crispée, rouge de framboise vif.	*Tetraneura rubra*, Licht.
4	Galle charnue unique s'enfonçant dans la nervure de la feuille, ressortant par-dessous en forme de pois chiche . . . . , .	*Pemphigus pallidus*, Halid.
	Galle crispant et déformant la feuille.	5
5	La feuille est simplement enroulée vers en bas sur la moitié et sa largeur formant un cylindre verruqueux blanchâtre; elle est généralement au milieu des branches.	*Schizoneura ulmi*, Kalt.
	La galle est formée par les feuilles terminales agglomérées, formant une vessie de la grosseur d'un œuf ou même du poing; elle est jaune verdâtre teintée de carmin.	*Schizoneura lanuginosa*, Hartig

Nous allons étudier rapidement la manière d'être de ces galles en suivant l'ordre indiqué dans ce tableau.

1° La galle du *Colopta compressa* ne vient jamais sur l'*Ulmus*

(2) Lichtenstein. *Feuille des jeunes Naturalistes.*

campestris, mais seulement sur l'*U. suffusa;* rare dans le Midi, elle est fréquente dans le centre et le nord de l'Europe et en Amérique. Elle s'élève sur le limbe de la feuille, le long de la nervure principale ou le long d'une nervure secondaire et elle ressemble beaucoup à celle qui est produite par le *T. ulmi;* cependant elle n'est point claviforme ou globuleuse, mais fortement comprimée dans le sens latéral.

2° La galle du *Tetraneura ulmi* a été bien étudiée par le Dr H.-F. Kessler à qui nous empruntons la description suivante, corroborée par les observations de M. Courchet.

On trouve toujours cette galle sur la face supérieure du limbe entre la nervure médiane et le bord, le plus souvent entre deux nervures latérales; elle se montre comme une excroissance plus au moins longuement pédiculée, claviforme ou irrégulièrement globuleuse, et peut atteindre la grosseur d'une petite noisette. Au début, elle est vert pâle, mais bientôt elle devient jaunâtre et l'on voit se former au voisinage de sa base de petites fissures qui se changent bientôt en ouvertures irrégulières par lesquelles les insectes ailés s'échappent au dehors; alors la galle se détache entraînant avec elle toute la portion du limbe dont la couleur avait été modifiée, tandis que le reste de la feuille continue à végéter jusqu'à l'automne. Quelquefois cependant les galles persistent et se dessèchent sur les feuilles.

3° La galle du *Tetraneura rubra*, Licht. a des formes et des dimensions très variables; les premiers phénomènes de son développement se passent dans le bouton et n'ont par conséquent pu être suivis avec soin; lorsque les feuilles atteintes s'étalent au dehors, la tumeur est déjà en pleine période de croissance. Cette galle naît sur la nervure médiane et à la face inférieure du limbe, presque toujours à la base de ce dernier; les parties affectées par les lésions prennent une teinte vert jaunâtre; puis l'hypertrophie gagne non seulement la moitié de la nervure médiane, mais encore les nervures secondaires voisines qui s'en détachent. Peu à peu les tissus s'invaginent vers la face supérieure où ils forment bientôt une couronne dure, à surface un peu velue. L'ouverture primitive, aussi bien dans ce cas que dans les cas précédents, se montre couverte d'un léger duvet.

La couleur de la galle change avec l'âge, et, en même temps, des fissures commencent à se montrer à la surface, puis une grande ouverture par où s'échappent les insectes ailés émigrants.

La galle ne se détache point du limbe après le départ de ses habitants : elle s'y dessèche et persiste jusqu'à la chute des feuilles.

4o La galle du *Pemphigus pallidus* se rapproche, d'après Lichtenstein, de la précédente ; comme celle-ci, elle est située au voisinage de la nervure médiane et à la base du limbe ; mais au lieu de s'insérer comme elle à la face supérieure sans faire saillie en dessous, la galle de *Pemphigus pallidus* est convexe des deux côtés de la feuille.

5o Le *Schizoneura ulmi*, dit Kessler (1), affecte la plus grande partie de la moitié des jeunes feuilles sur la face intérieure desquelles il se fixe. Jamais pourtant la modification du limbe ne s'étend jusqu'à l'extrémité de la feuille vers le haut, jusqu'à sa base vers le pétiole ; cette modification de l'organe est d'ailleurs la conséquence d'un accroissement intercalaire énergique le long de la nervure médiane, tandis que le bord de la feuille se replie en dessous, de façon à constituer une sorte de bourse ou de rouleau d'un jaune verdâtre, à surface comme boursouflée. — L'insecte se tient fixé sur le bord de la feuille qu'il oblige à s'enrouler en ce point. — Si l'on recherche la mère fondatrice au milieu de l'énorme quantité de pucerons de toute taille qui l'entourent, quand le rouleau est rempli d'une sécrétion blanche,

(1) Kessler. Lebensgesch. der auf Ulmus campestris vork. Aphiden Arten.

il faut développer ce dernier avec soin et alors on la trouve toujours près du bord de la feuille.... »

La galle change de coloration avec l'âge, comme les précédentes; elle devient d'un jaune blanchâtre, puis se détache ou persiste, après le départ de ses hôtes, suivant que les nervures ont été plus ou moins lignifiées.

6° Les galles du *Schizoneura lanuginosa* se trouveraient, toujours d'après le Dr Kessler, au sommet d'un rameau latéral. « L'insecte, dit Kessler, agit sur les premiers rudiments des jeunes feuilles encore enfermées dans le bouton, de telle sorte que les bords de leur limbe s'accroissent comme s'ils tendaient à se recourber en dedans. Mais cette courbure étant empêchée par le manque d'espace dans le bouton, les bords contigus de deux feuilles voisines s'accroissent l'un contre l'autre et il finit par se former ainsi un tout complexe qui prend plus tard, en augmentant de volume, une apparence vésiculeuse ou bursiforme. Pendant que s'accomplit cette croissance anormale des feuilles, la jeune pousse qui est demeurée cachée au fond du bourgeon prend part à la formation complexe qui se constitue de la sorte en servant de moyen d'union entre la partie inférieure des feuilles et entre leurs pétioles. » D'après Kessler, ce ne serait donc pas une seule feuille qui servirait à constituer la galle, mais plusieurs et mêmes toutes les feuilles d'un bourgeon.

Ces vessies peuvent atteindre le volume du poing ; leur surface, vert blanchâtre, est légèrement velue et munie de grosses ondulations parallèles et transversales.

On en trouve cependant aussi qui ne sont formées que par une seule feuille et parfois même par une portion assez faible du limbe vers la base de la feuille. Réaumur avait décrit une de ces productions dans son *Histoire des Pucerons* : « Quand ces galles, dit-il, ont à peu près la grosseur des noix communes, il n'y a plus que de légers restes de la feuille à laquelle elles tiennent ; elle a été tout employée pour former une galle; c'est beaucoup qu'elle ait pu y suffire. »

Le limbe ou la partie du limbe qui est ainsi employée à constituer la galle s'hypertrophie en même temps que son enroulement s'effectue et toujours la forme de la feuille est profondément altérée.

GALLES DES SAPINS

Dans le groupe des Pucerons, nous avons encore à signaler comme producteurs de galles les *Chermésines* ou *Adelgines*. L'*Adelges abietis* (chermes abietis), en effet, se fixe sur la base des bourgeons de sapin (*Pinus picea*) qui doivent fournir au printemps prochain les pousses de mai; il reste toujours à la même place et par la succion qu'il opère, l'axe de la « pousse de mai » est raccourci. Avant l'éclosion du bourgeon, le chermes du sapin commence à pondre des œufs rassemblés en groupe de deux cents environ; ces œufs donnent, vers la seconde moitié du mois de mai, des larves qui se portent à l'extrémité de la pousse, enfoncent leurs trompes entre les aiguilles serrées et gonflées, ce qui produit l'achèvement de l'excroissance végétale provoquée par la mère.

Finalement, les cônes ont l'aspect des Ananas; ils recouvrent quelquefois entièrement la cime de jeunes sapins dont ils entravent puissamment le développement régulier.

CYCLE BIOLOGIQUE DES APHIDIENS

Les Pucerons dont nous venons de décrire les formations gallaires peuvent être, d'après M. Lichenstein (1), rangés dans les quatre groupes suivants :

1° Les *Chermésidiens*, ayant cinq articles aux antennes;

(1) Lichtenstein. *Monographie des Pucerons de Peuplier*. Montpellier, 1886.

2° Les *Schizoneuriens*, ayant six articles aux antennes et la nervure cubitale fourchue;

3° Les *Pemphigiens*, ayant aussi six articles aux antennes, mais dont la nervure cubitale est simple;

4° Les *Aphidiens*, ayant sept articles aux antennes, en comptant comme article séparé la partie effilée qui termine le sixième article.

Nous rappellerons simplement ici que les *Phylloxériens*, dont nous avons déjà fait l'histoire, appartiennent aussi au même groupe des *Pucerons*.

Il ne nous est pas possible d'étudier en particulier le cycle biologique de chacun des groupes que nous venons d'énumérer, encore moins des espèces qui composent ces groupes; nous décrirons simplement l'évolution du genre *Aphis* qui offre les caractères généraux des êtres dont ce genre est le chef de file.

Les œufs des *Aphis* déposés dans la terre, dans le feuillage, dans un endroit abrité quelconque, se développent au printemps et donnent naissance à des *Pucerons aptères*. Ceux-ci subissent quatre mues avant d'arriver à leur développement complet, sans présenter pourtant d'autre changement important qu'une accentuation de leur couleur primitive; dix ou douze jours séparent généralement l'éclosion du moment où les Pucerons atteignent le maximum de leur croissance. A ce moment, ainsi que l'a démontré le premier Ch. Bonnet (1) au siècle dernier, ces Pucerons *mettent au monde* des petits vivants qui se trouvent au même état que leur mère au sortir de l'œuf. Ces petits Pucerons se fixent pour sucer la sève, s'accroissent très vite, subissent quatre mues, et, une fois développés, ils mettent au monde des petits vivants. Les Pucerons vivipares, appelés souvent *nourrices* et aussi *femelles parthéno-*

(1) Bonnet (Ch.). *Traité d'Insectologie et Observations sur le Puceron*, 1745-1779.

génésiques, engendrent en moyenne de trente à quarante petits avant de mourir.

Le célèbre philosophe naturaliste Bonnet avait constaté que les Pucerons du plantain peuvent se reproduire, sans le secours d'aucun mâle, pendant neuf générations consécutives; après lui, Duvau (1) reconnut que chez certains de ces êtres la parthénogenèse se perpétue jusqu'à la dixième génération; enfin, au commencement de ce siècle, le pasteur Kyber (2) avait réussi « à perpétuer en serre chaude une colonie de Pucerons pendant quatre ans rien que par les générations asexuelles (3).

Dans ces conditions, il est facile de prévoir que la nourriture ne peut tarder à manquer à ces êtres sur le lieu qu'ils ont choisi et que la colonie périrait tout entière si une forme nouvelle ne se produisait : en effet, lorsque les Pucerons sont très nombreux en un même point du végétal attaqué, on voit, parmi les individus aptères, certains individus qui, nés aptères, comme leurs frères, ne tardent pas à acquérir des ailes. Ces organes leur permettent d'aller fonder, loin de leur patrie, des colonies semblables à celles que nous avons décrites : les *Pucerons migrateurs* sont parthénogénésiques comme leurs mères; comme elles aussi, ils produisent plusieurs générations d'individus aptères par viviparité et sans le secours d'aucun mâle; leur rôle est donc simplement d'assurer la conservation et la diffusion de l'espèce.

Tant que ces êtres singuliers trouvent une nourriture suffisante, c'est-à-dire pendant l'été et pendant l'automne, rien n'est changé dans les conditions de reproduction que nous venons de signaler. Mais, à mesure que les aliments deviennent plus rares, ou, ce qui revient au même, à mesure que les froids approchent, les *femelles vivipares* deviennent de plus en plus rares; avec elles naissent, aussi par génération vivipare,

(1) Duvau. *Nouvelles recherches sur l'hist. nat. des Pucerons*, 1825.

(2) Kyber. *Erfahrungen und Bemerkungen über Blattlaüse.* Halle, 1815.

(3) Künckel d'Herculais. *In* Brehm. *Merveilles de la nature.*

d'autres femelles plus grandes, aptères, et des mâles, généralement ailés, petits et nombreux.

L'accouplement a lieu entre ces nouveaux individus; puis les œufs fécondés sont pondus en lieu sûr, c'est-à-dire à l'abri des intempéries de la saison d'hiver. Nous sommes maintenant revenu au point d'où nous sommes parti; le cycle biologique recommence dans les mêmes conditions.

Ainsi que l'a fait remarquer le savant naturaliste danois, Steenstrup, les Pucerons présentent donc un phénomène bien caractérisé de *génération alternante :* une génération sexuée termine une ou plusieurs générations asexuées.

Il est fort curieux de constater que cette génération alternante est uniquement sous la dépendance des conditions extérieures : l'expérience de Kyber, que nous avons rapportée, en est un témoignage très évident et incontestable.

ACARIENS

Les galles produites par les Acariens sont très nombreuses; elles constituent le grand groupe des Phytoptocécidies ou Acarocécidies établi, et si bien étudié par le professeur Thomas.

Elles ont été signalées pour la première fois par Réaumur (1), sur les feuilles du tilleul; mais c'est Turpin (2) qui a reconnu la nature de leurs habitants et les a désignés sous le nom de *Sarcoptes gallarum tiliæ*. Plus tard, Dugès (3) et von Siebold (4) ont reconnu que les animaux qui se trouvaient dans ces galles étaient des Acariens, et ont vu que leurs larves ne possédaient que deux paires de pattes. En 1851, Dujardin (5) donna une bonne description de ces Acariens; il observa ceux des galles en bourgeons du noisetier et créa le genre *Phytoptus*. D'autres auteurs, Fée, Steenstrup, Pagenstecher, Trauenfeld, Landois, etc., ont trouvé depuis des Acariens dans plusieurs galles, entre autres dans l'*Erineum;* mais ce sont surtout les nombreux travaux de Thomas qui ont le plus contribué à faire connaître l'histoire de ces galles.

Les formes affectées par les galles produites par les Acariens sont très variables, et quelques-unes d'entre elles ont reçu des noms particuliers.

La forme *Erineum*, qui s'observe sur les feuilles de beaucoup de plantes, consiste généralement en une simple production exagérée de poils qui constituent une sorte de feutrage en certains points du limbe foliaire. La surface de la feuille est souvent déformée au niveau de ces productions pileuses; on y

(1) Réaumur. *Mém. pour servir à l'histoire des Insectes*, Paris, 1737, III, p. 12.

(2) Turpin. *Froriep's Notizen*, Weimar, 1836, t. XLII, p. 65.

(3) Dugès. *Recherches sur l'ordre des Acariens*, Paris, 1834.

(4) Siebold. *Bericht über die Arb. der entomol. Sect. d. schles Gesselsch f. vaterl Cultur*, 1850.

(5) Dujardin. *Ann. des sc. nat.*, 1851, p. 166.

observe une sorte de boursouflure qui présente une coloration différente de celle de la feuille; la chlorophylle est en ce point plus ou moins altérée; les boursouflures sont jaunâtres ou rougeâtres. Comme exemple de ces formes de galles érinéennes, nous citerons l'*Erineum* bien connu de la vigne et du tilleul.

Les déformations occasionnées par la présence des Acariens peuvent être bien plus marquées que dans l'*Erineum*. Il se produit alors de véritables galles, très saillantes, comme celles que donnent les Aphidiens. Ces galles, en forme de bourse, de doigt de gant ou de cornicule, font saillie à la surface des feuilles. Leur cavité, tapissée de poils, s'ouvre extérieurement par une petite ouverture également garnie de poils. Tantôt elles se trouvent simplement appendues à la surface de la feuille, comme dans le tilleul et dans le *Prunus Padus*, tantôt elles font saillie sur les deux faces de la feuille et ressemblent alors à de petites vessies qui seraient enchâssées dans le limbe foliaire, comme dans le *Salix caprea* et le *Prunus spinosa*. Leurs dimensions sont peu considérables; elles ne mesurent en général que quelques millimètres (1 — 5 mill.).

Lorsqu'on suit le développement de ces galles, on voit qu'elles commencent par une petite production pileuse, accompagnée d'une légère boursouflure du limbe foliaire. Cette boursouflure augmente peu à peu, de manière à faire une saillie prononcée à la surface de la feuille, tandis que son ouverture se rétrécit de plus en plus. On peut donc considérer ces sortes de productions comme des galles érinéennes qui, au lieu de s'étendre en surface, subissent un accroissement rapide dans une direction perpendiculaire à la surface de la feuille. On trouve, en effet, tous les passages entre le simple feutrage pileux superficiel de l'*Erineum* et les galles allongées en forme de doigt de gant. Sur la même plante on observe souvent un dimorphisme intéressant des phytoptocécidies. Ainsi sur le *Prunus Padus*, les galles des feuilles sont bursiformes et corniculées, tandis que sur les pétioles des feuilles et sur les rameaux, elles se présentent sous forme de godet à rebords garnis de poils et assez semblables aux coupes de pezizes.

Sur beaucoup de plantes, la présence des Acariens sur les feuilles se traduit seulement par un enroulement ou un plissement plus ou moins marqué de ces feuilles. La feuille ne présente la plupart du temps aucune altération ; il n'y a pas là production de galles proprement dites, mais la présence fréquente de nombreux poils à la surface des feuilles ainsi contournées et habitées par les Acariens montre la parenté de ces formes avec les *Erineum*. De semblables déformations des feuilles ont été observées sur le *carpinus betulus*, différentes espèces de *Galium*, *G. mollugo*, *saxatile*, *sylvaticum*, *sylvestre*, *verum*, *aparine*, *tricorne*, *parisiense*), les *Stelleria glauca*, *Convolvulus arvensis*, *Geranium sanguineum*, *Pedicularis Palustris*, *Hieracium murorum*, *Tanacetum vulgare*, etc.

L'enroulement et le plissement des feuilles, sous l'influence des Acariens, peut aussi s'accompagner d'un épaississement plus ou moins considérable du parenchyme foliaire. Si cette hypertrophie porte sur un point limité de la feuille, soit à son extrémité soit sur ses bords, il se produit une cavité plus ou moins irrégulière, constituant une petite galle bursiforme. Thomas a décrit des productions de ce genre sur les *Tilia grandifolia* et *T. parvifolia*, *Fagus sylvatica*, *Lonicera xylosteum*, *Punica granatum*, plusieurs espèces de *Periclymenum* et de *Rhododendron*, sur les *Hippophæ rhamnoides*, *Clematis recta*, *Lysimachia vulgaris*.

Le professeur Thomas a observé aussi des altérations des feuilles toutes particulières sous l'influence des Acariens. Les jeunes feuilles au lieu de se développer normalement sont remplacées par de petits faisceaux de lanières irrégulièrement contournées. Chacune de ces lanières correspond à une nervure principale de la feuille ; le parenchyme ne s'est pas développé, tandis que les nervures se sont hypertrophiées et ont subi seules l'action déformante que les Acariens exerçaient sur l'ensemble de la feuille dans les cas précédents. Les feuilles ou les folioles terminales des feuilles composées prennent alors un aspect filamenteux et crispé qui rappelle certaines monstruosités décrites par Moquin-Tandon. Cette déformation a été rencontrée sur les *Scabicsa colombaria*, *S. suaveolens*, *Sisymbium sophia*, *Aquilegia atrata*, *Lotus corniculatus* et *Pimpinella saxifraga*.

D'autres fois ce sont les jeunes bourgeons qui abritent les Acariens, et subissent une hypertrophie rappelant celle qui s'observe dans les bourgeons habités par des *Chermes*, sur les *Abies* par exemple. Les folioles épaissies présentent sur leur face supérieure des replis, des anfractuosités, ou des poils au milieu desquels se trouvent tous les œufs et les Acariens. Tournefort connaissait déjà ces sortes de galles sur le *Thymus serpyllum*, dont les bourgeons arrondis atteignent un centimètre d'épaisseur. On les rencontre aussi souvent sur le noisetier (*Corylus avellana*) dont les bourgeons, au printemps, ont un aspect cotonneux et irrégulier; on les a signalées aussi sur les *Veronica Chamædrys*, *Betonica officinalis*, *Polygala vulgaris*, *Cerastium arvense*, *Saxifraga aizoides*, *Sedum sexangulare*, *Betula alba*, etc.

Les mêmes altérations peuvent se rencontrer sur les bourgeons à fleurs, et sur les involucres et les bractées des inflorescences des Composées (*Artemisia campestris*, *Centaurea Jacea*, *Carduus acanthoides*, *Festuca ovina*, etc). Enfin, la présence des Acariens dans les bourgeons détermine aussi quelquefois une ramification exagérée des jeunes pousses avec atrophie des feuilles, comme cela s'observe sur les *Salix babylonica*, *S. nigra*, *Populus dilatata*, *P. tremula*, les *Fraxinus*, *Sarothamnus scoparius*, *Potentilla tormentilla*, *Campanula rapunculoides*, *Veronica officinalis*, *Solanum du'camara*, *Orlaya grandiflora*, plusieurs *Galium* etc.

Nous avons encore à signaler une formation de galles toute particulière qui se rencontre surtout sur les arbres à fruits et observée par Scheuten (1), puis par d'autres auteurs.

Les galles sont situées dans l'épaisseur même des feuilles. Les Acariens vivent dans le parenchyme foliaire dont les éléments se séparent de manière à former des cavités plus ou moins spacieuses qui logent les parasites. Ces galles se distinguent des autres galles de ce genre produites par des Hyménoptères ou des Diptères, en ce qu'il n'y a pas dans leur intérieur formation de tissus nouveaux aux dépens d'un méristème résultant de la transformation de mésenchyme, mais seulement désagrégation, ou allongement des cellules de ce mésenchyme. La présence des Acariens dans la feuille détermine à la surface de celle-ci de petites pustules : d'où le nom de *Pockenkrankeit* (petite vérole) donné à la maladie. Celle-ci affecte souvent plusieurs espèces de Pomacées (*Sorbus Aucuparia*, *S. Aria*, *S. torminalis*, *S. Cotoneaster*.). Thomas a signalé de semblables galles sur la *Centaurea scabiosa*.

Les différentes formes d'Acarocécidies que nous venons d'énumérer rapidement montrent combien sont variées les altérations déterminées par les acariens. Si quelques-unes se présentent nettement sous formes de galles véritables, beaucoup d'autres au contraire ne peuvent être rangées dans le groupe des galles que si l'on considère leur mode d'origine; elles sont toutes dues en effet à l'action des parasites.

Nous n'aurons que peu de chose à dire sur les habitants des Acarocécidies ; ils sont encore mal connus. Les diverses espèces qui ont été établies dans le genre *Phytoptus* sont plus ou moins problématiques. Pagenstecher a désigné les espèces de *Phytoptus* suivant les plantes qui les portent (*Phytoptus piri*, *vitis*, *tiliæ*, etc. Les espèces d'Acariens, trouvées dans les différentes galles, sont si semblables les unes aux autres qu'il est impossible actuellement de les distinguer morpholo-

(1) Scheuten. *Troschel's Archiv f. Naturgesch.* 25. I. p. 104.

giquement. D'un autre côté, les productions si variées dans leur forme et dans leur développement qu'on observe sur une même plante, sous l'influence des Acariens, doivent faire admettre qu'elles sont dues à des espèces différentes.

Les *Phytoptus* sont toujours de très petite taille et ne mesurent que de $0^{mm}1$ à $0^{mm}3$, leur corps est à peu près cylindrique, un peu rétréci à la partie postérieure, et vaguement annelé, avec une extrémité céphalique conique et lancéolée, au-dessous de laquelle se trouvent deux paires de pattes très courtes; à l'état adulte les animaux ont quatre paires de pattes : ils ne possèdent jamais d'ailes. Il vivent pendant l'été dans les galles, se nourrissent vraisemblablement par succion et se multiplient par des œufs. On ne connaît pas encore bien tout leur cycle biologique.

L'un des *Phytoptus* qui a été le mieux étudié est celui qui produit l'*Erineum* de la vigne.

Les feuilles de la vigne présentent très souvent en été à leur face supérieure des bosselures irrégulières, rugueuses, souvent rougeâtres, suivant les époques. Sur la face inférieure des feuilles, à ces bosselures correspondent des cavités tapissées par un duvet tantôt gris ou argenté, tantôt plus ou moins brunâtre ou rougeâtre suivant la saison. Ces déformations, connues depuis longtemps, puisque Malpighi les a décrites en 1687, ont été attribuées pendant longtemps à la présence d'un champignon parasite, dont Persoon fit le genre *Erineum* et qu'on désigna plus tard sous les noms de *Taphrina erineum*, et de *Phyllerium*. On sait aujourd'hui, ainsi que nous l'avons déjà dit, qu'elles sont dues à un petit Acarien appartenant au genre *Phytoptus* de Dujardin, et auquel Landois, ou peut-être avant lui L. Dufour, a donné le nom spécifique de *P. vitis*.

Cet Acarien a un corps cylindrique allongé, mesurant de $0^{mm}04$ à $0^{mm}15$ de longueur, muni généralement de deux paires de pattes seulement qui dépassent notablement la tête en avant. Celle-ci porte un rostre ou suçoir, creusé d'un sillon aboutissant à l'œsophage. Une lèvre inférieure en s'allongeant et s'appliquant sur ce sillon, forme un tube qui s'enfonce dans les tissus de la feuille et en tire la sève. Intérieurement ce tube semble contenir deux stylets. L'abdomen est partagé en anneaux, au moyen de sillons peu profonds; le professeur Briosi (1) de Palerme, en a compté 60 à 70.

L'Acarien se reproduit au moyen d'œufs enduits par une substance glutineuse qui les fait adhérer aux poils de la galle. Après l'éclosion, les jeunes subissent quatre mues, et se reproduisent par parthénogenèse. Il se répandent rapidement à la surface inférieure de la feuille, se fixent en un point et fondent une colonie, en même temps qu'une galle se développe. Les poils qui tapissent celle-ci sont, dit Briosi, anguleux, contournés, unicellulaires, jaunâtres ou incolores quand ils sont jeunes, plus ou moins bruns, quand ils sont âgés. L'afflux des sucs nourriciers sur la tache et l'épaississement consécutif des parois cellulaires modifient, dans toute son épaisseur, le tissu de la feuille. L'inégalité du travail formateur dans les différentes couches peut expliquer l'incurvation de la feuille dans la partie affectée.

Les *Phytoptus vitis* passent l'hiver sous les écailles des bourgeons; ils peuvent y subir un froid très rigoureux, car ils possèdent une grande résistance vitale. Au printemps ils se réveillent et commencent à attaquer les jeunes feuilles qui portent déjà des traces de galles, dès qu'elles sortent de leur enveloppe de bourre.

Les déformations produites par le Phytoptus ne sont pas très nuisibles pour la vigne, cependant elles entravent la fonction des feuilles, et partant le développement de la plante. Beaucoup de viticulteurs inexpérimentés confondent encore

(1) Briosi. Sulla Phytoptosi della Vite. *Atti della stat. sperim. di Palermo* 1, 1877.

les galles de l'Erineum avec celles du Phylloxera. Si l'on se rapporte à la description que nous avons donnée de ces dernières on verra qu'il n'est pourtant pas possible de confondre ces deux sortes de productions. Les galles de l'*Erineum* sont de petites bosselures irrégulières, peu élevées, faisant saillie à la face supérieure des feuilles; celles du Phylloxera sont au contraire situées à la face inférieure de la feuille et s'ouvrent à la face supérieure: elles sont ovoïdes ou globuleuses, à paroi résistante et nettement détachées de la feuille. On ne confondra pas non plus ces galles avec celles produites par la *Cecydomya vitis;* elles sont pour ainsi dire dans l'épaisseur de la feuille; elles partagent celle-ci en deux, faisant saillie au-dessus et au-dessous; de plus elles s'ouvrent à la face supérieure.

Des galles érinéennes semblables à celles de la vigne ont été observées sur les *Tilia*, *Juglans*, *Quercus*, *Fagus*, *Pirus*, *Sorbus*, *Cratægus*, *Rubus*, *Prunus*, *Amygdalus*, *Acer*, *Alnus*, *Betula*, *Populus*, et sur des plantes annuelles, *Geum urbanum*, *Geranium palustre*, *Veronica chamædrys*, *Potentilla verna*, etc.

Parmi les Acarocécidies en doigt de gant, ou en cornicule, nous citerons celle des *Tilia*, *Prunus Padus*, *P. spinosa*, *P. domestica*, *Acer campestre*, *Rubus saxatilis*, *Alnus glutinosa*, *Ulmus campestris*, *Salix caprea*, *S. cinerea*, *Fraxinus excellor*, etc.

NÉMATODES

Parmi les productions morbides des végétaux dues à l'action parasitaire, les galles de certains nématodes présentent beaucoup d'intérêt à cause des désordres qu'elles provoquent sur quelques plantes utiles. La nature des désordres est variable avec chaque plante et suivant le genre d'altération produite; mais le résultat est toujours fâcheux au point de vue pratique. Si la plante, qu'elle soit attaquée dans ses racines ou dans sa fleur, offre assez de résistance pour ne pas périr, le rendement des produits qu'elle devait fournir est toujours considérablement diminué.

Galles des graminées. — Nielle des blés (1). — Dans un mémoire remarquable, couronné par l'Académie des sciences, Davaine a fixé, le premier, l'attention des savants sur une maladie du blé qu'on désigne sous le nom de *nielle*. Cette maladie, qui inquiète surtout le cultivateur dans les années humides, lorsque les pluies sont abondantes au temps de la formation de l'épi, est caractérisée par une altération du grain après sa maturité et par un changement de couleur. Les grains affectés ne sont pas hypertrophiés ; au contraire, ils sont beaucoup plus petits que les grains sains. Leur forme est arrondie. Ils sont noirâtres et consistent en une coque épaisse et dure dont la cavité est remplie d'une poudre blanche grossièrement semblable à de l'amidon. Mais c'est une poudre d'une nature particulière. Elle se montre composée d'une multitude considérable de petites animalcules, ayant une longueur de 8 dixièmes de millimètre. Ces animalcules, au nombre de plusieurs milliers dans chaque grain, sont des larves d'un Nématode, de l'*Anguillula Tritici*.

(1) Davaine. *Recherches sur l'Anguillule du blé niellé, considérée au point de vue de l'histoire naturelle et de l'agriculture*. Paris, Baillière, 1857.

Provenant d'œufs déposés dans le grain par une anguillule mère, ces larves se sont développées côte à côte dans un milieu riche en matériaux nutritifs, à la manière des larves d'insecte dans une galle multiloculaire. C'est ce rapprochement qui nous permet de faire rentrer le grain de blé niellé dans la catégorie des productions gallaires. La quantité de blé niellé est souvent considérable. Maxime Cornu (1) raconte que Adolphe Brongniart possédait en Normandie une ferme dans laquelle, pendant l'année 1874, la proportion des épis niellés s'éleva au douzième de la récolte. Dans ces conditions, la nielle constitue un véritable fléau pour l'agriculture.

Le cycle biologique de l'*Anguillula Tritici* est par trop intéressant à connaître pour que nous le passions sous silence

Au moment de la germination du blé, les larves d'anguillules qui jusque-là étaient restées dans une sorte de vie latente (2), manifestent leurs propriétés vitales sous l'influence de l'air et de l'humidité. Elles désertent le grain dans lequel elles étaient renfermées comme dans une prison bien close. Elles viennent sur le sol au pied des épis naissants. Si le temps est sec, les larves d'anguillules sont inertes; elles restent immobiles à la base des chaumes, et le blé est préservé de leur atteinte. Si le temps est pluvieux, au contraire, ces mêmes larves, douées d'une grande activité, s'élèvent le long des tiges humides, arrivent jusqu'aux épis et pénètrent dans l'ovaire dont le tissu jeune et mou n'offre pas de résistance. C'est alors que ces larves arrivées au bout de leur chemin, atteignent l'état parfait. Elles acquièrent des organes génitaux qui n'étaient pas développés encore. La femelle pond des œufs qui éclosent. Les larves se dessèchent à mesure que le grain approche de sa maturité, mais elles conservent dans un état d'indifférence chimique leurs pro-

(1) Maxime Cornu. *Etudes sur le phylloxera vastatrix*, page 166.
(2) Voir Claude Bernard : *Leçons sur les phénomènes de la vie*, page 89.

priétés vitales qu'elles manifesteront plus tard sous l'influence de conditions physico-chimiques déterminées, telles que l'air, la température et l'eau. Cette propriété de revenir en quelque sorte à la vie dans des circonstances spéciales, les larves d'anguillules la possèdent à un haut degré. Elles sont reviviscentes même après plusieurs mois et plusieurs années, jusqu'à six et huit ans après la dessiccation. Quant aux parents, ils sont toujours destinés à périr dans le grain qui renferme la génération des larves à laquelle ils ont donné naissance.

Galles produites sur des plantes diverses. — Sur les feuilles d'un certain nombre de graminées, on a observé des galles produites par des anguillules. D'après Diesing (1), ce serait une seule et même espèce d'anguillule, l'*Anguillula graminearum*, qui serait la cause de ces productions morbides. L'opinion de Diesing ne doit être acceptée que sous toutes réserves, car les galles offrent des formes différentes dans les diverses plantes où elles ont été signalées, *Phleum Bœhmeri*, *Kœleria glauca*, *Agrostis stolonifera*, var. *diffusa, festuca ovina*, etc.

En dehors des graminées, certaines feuilles de plantes de la famille des composées ont présenté des galles d'anguillules. Nous signalerons celles de l'*Achillea millefolium*, trouvées, par le Dr Franz Low (2) près de Vienne, et celles du *Leontopodium Alpinum*, observées par Trauenfeld (3).

Les anguillules ne déterminent pas seulement des productions gallaires dans l'ovaire des fleurs ou sur les feuilles. Elles s'attaquent aussi aux racines où elles déterminent des altérations souvent funestes pour la vie des plantes. En 1864, Greef (4) observa des galles produites par l'*Anguillula radicicola* sur les organes souterrains du *Poa annua*, du *Triticum*

(1) Diesing. *Syst. Helminth.* 1851.
(2) *Verhandl des zool. bot. Vereins zu Wien,* 1874.
(3) *Ibid.* 1872.
(4) *Verhandl. des naturhist. Ver der Preuss. Rheinlande,* 1864, t. XXVII.

repens, du *Dodartia orientalis* et de quelques *Sedum*. Licopoli (2) a trouvé des anguillules sur les racines du *Sempervivum tectorum* et d'autres crassulacées. Leur présence sur ces différentes plantes avait déterminé la formation de renflements sphériques qui mesuraient de 3 à 10 millimètres de diamètre. Chaque renflement présentait une cavité plus ou moins grande dans laquelle étaient renfermées de nombreuses anguillules. Mais les galles les plus intéressantes et les plus utiles à connaître sont celles qui sont produites sur les racines de la betteraves et de quelques rubiacées.

Galles de la betterave. — Dans une note présentée à l'Académie des sciences, M. Aimé Girard (3) annonce que le rendement cultural de la betterave à sucre a subi en 1884, un déficit qu'en général on évalue à 20 p. 100 du poids des racines.

Au nombre des causes invoquées pour expliquer cette perte, telles que la sècheresse des mois de juillet et de septembre, l'abondance des myriapodes et des vers gris, la plus grave, sans contredit, c'est le développement d'un parasite de la betterave, déjà signalé par Schacht (4) en 1859, le nématode ou *Heterodera Schachtii*, animal remarquable par la différence de taille des individus mâles, qui sont filiformes, tandis que les femelles sont fortement renflées. Il est à remarquer que le parasite n'occupe pas la partie interne des racines, mais des kystes attachés aux radicelles. « A l'état d'anguillules agiles, mesurant environ 3/10 de millimètre de longueur, les nématodes attaquent les radicelles, se logent sous leur écorce, la soulèvent, la font éclater, et, sur place,

(1) Licopoli. *Sopra alcuni tubercoli radicellari contenenti anguillole*. In Just botan. Jahresber. 1876.

(2) Aimé Girard. *Sur le développement, en France, des nématodes de la betterave pendant la campagne de* 1884. Comptes rendus de l'Académie des sciences. 1874, t. IC.

(3) *Zeitschrift der Ver. für Rübenzucker Industrie*, t. IX, 1859.

fixés par leur suçoir, vivant aux dépens de la sève dont l'afflux amène une prolifération des tissus, se transforment peu à peu en sacs ayant l'apparence d'un citron, remplis d'œufs et mesurant environ 1 millimètre de diamètre. Accumulés sur les radicelles, ces petits sacs, d'un blanc laiteux, aisément visibles à l'œil nu, y forment souvent de véritables chapelets. »

La plante, envahie par ces parasites, ne tarde pas à s'affaiblir. Les feuilles se flétrissent, jaunissent, se piquent de taches de rouille, et bientôt, devenues toutes noires s'affaissent sur le sol. En même temps, la production du sucre est empêchée et, par le fait, le rendement de ce produit se trouve considérablement diminué.

Galles des Rubiacées. — A côté de la maladie de la betterave qui a pour origine une anguillule parasite, nous devons mentionner la maladie des caféiers du Brésil, que M. le Dr Jobert (1) a signalée en 1878, dans une note présentée à l'Académie des sciences. Cette maladie sévit sur les caféiers plantés dans les terrains humides. Elle est déterminée par des anguillules logées dans des kystes développés sur les radicelles. « Chaque kyste contient de quarante à cinquante œufs, et, si l'on fait un calcul approximatif, on arrive au chiffre trop faible certainement de 30 millions d'anguillules par caféier. Arrivées au terme de leur développement intraovulaire, les jeunes anguillules s'échappent au dehors, laissant béante la cavité dans laquelle elles se sont développées, et la radicelle ne tarde pas à pourrir et à être envahie par les cryptogames. » La plante, épuisée après avoir dépensé ses réserves, meurt d'inanition à la suite d'une agonie plus ou moins longue, absolument comme une vigne atteinte par le phylloxera.

En 1879, M. Maxime Cornu (2) a décrit une affection ana-

(1) Comptes rendus de l'Académie des sciences. Séance du 9 décembre 1878, p. 941.

(2) Max. Cornu. Bulletin de la Société botanique de France, t. XXVI, 1879.

logue sur d'autres plantes de la famille des Rubiacées, sur les *Hamiltonia* et les *Ixora*, cultivés dans les serres de la ville de Paris pour la beauté de leurs fleurs. Les racines présentaient des nodosités de formes très diverses, ayant un diamètre beaucoup plus grand que l'organe qui les portait. Sur les racines menues, ce diamètre était parfois dix fois plus considérable; sur les grosses racines, il était souvent plus du double ou du triple.

« Des coupes minces, dit l'auteur, montrent çà et là, dans le parenchyme du tissu cortical, des kystes irréguliers renfermant un nombre considérable d'œufs. Ces œufs sont ovoïdes, un peu courbés et réniformes; ils sont incolores. Ce sont des œufs d'anguillules; ils ont en général un contenu non segmenté, mais présentent dans quelques cas la segmentation du plasma et la formation d'une jeune anguillule repliée en hélice sur elle-même. La paroi des kystes est incolore ou faiblement teintée en jaune. Le kyste paraît se former aux dépens d'une anguillule qui se renfle et se dilate énormément, et dont l'enveloppe extérieure devient la membrane du kyste. Celui-ci s'ouvre à l'extérieur comme dans le cas des caféiers signalés par M. le Dr Jobert. A l'instant de leur éclosion, les jeunes anguillules sortent au dehors pour se porter vers les racines nouvelles.

Antérieurement, M. Maxime Cornu (1) avait fait connaître des nodosités renfermant un nombre variable de kystes d'anguillules comparables à ceux que nous venons de décrire sur les racines du sainfoin, d'un cissus cultivé et d'une clématite.

Il nous a paru intéressant de signaler les altérations produites par les anguillules sur les racines de plantes de différentes familles.

(1) Max. Cornu. *Études sur le phylloxera vastatrix*, p. 168.

ROTATEURS

Le célèbre botaniste suisse, Vaucher (1), avait distingué nettement sur les filaments des Conferves d'eau douce qui portent aujourd'hui son nom, les Vauchériées, deux sortes de renflements :

1o Les uns sont les organes connus sous les dénominations d'oogone et d'anthéridie, c'est-à-dire les organes de reproduction sexuée de ces algues.

2o Les autres, beaucoup plus gros, à formes variables, renferment un être qui se meut dans leur intérieur et que Vaucher détermina sous le nom de *Cyclops lupula*.

Vaucher n'hésita pas à comparer ces derniers renflements aux galles des végétaux supérieurs, telles que les bédéguars des Rosiers. Après lui, diverses observations furent publiées sur ces productions par Lyngbye (2), Unger (3), Wimmer (4).

En 1834, le Dr Werneck, de Salzbourg, donna des animalcules, contenus dans les excroissances de *Vaucheria cespitosa* des dessins assez parfaits pour permettre à Ehrenberg de reconnaître la véritable nature du parasite. C'est un rotateur de son genre *Notommata ;* il en créa l'espèce *Notommata Werneckii* et le décrivit avec soin (5).

Depuis cette date, Morren, Hofmeister et Cohn, Magnus, Kützing, ont publié de nouvelles observations sur les Vauchériées et leurs parasites, mais en insistant seulement sur le côté botanique de la question et en assimilant vaguement

(1) Vaucher. *Histoire des conferves d'eau douce*, 1803.

(2) Lyngbye. *Tentamen hydrophytologiæ danicæ*, 1819.

(3) Unger. *Die Metamorphose der Ectosperma clavata*, Vauch., Bonn., 1827 et *Ann. des Sc. nat.*, 1828, T. XIII.

(4) Wimmer. *Uebersicht der Arbeiten der schles. Ges. für vaterl. Cultur.*, 1833.

(5) Ehrenberg. *Organisation in der Richtung des kleinstein Raumes*, dritter Beitrag, 1834.

les productions parasitaires de ces cryptogames aux galles produites par les insectes sur les phanérogames.

M. Maxime Cornu, ayant recueilli, en avril 1874, dans l'eau d'un fossé, aux environs de Bordeaux, une assez grande quantité de filaments de *Vaucheria terrestris*, étudia d'abord sommairement le parasite, puis envoya sa trouvaille à M. Balbiani, qui s'occupa avec beaucoup de soin de l'étude de cette intéressante question. Nous allons passer rapidement en revue les faits acquis sur les galles des Vauchériées et leurs parasites par le savant professeur du collège de France (1).

Description des galles. — Une simple comparaison entre les organes de la reproduction et les excroissances habitées par le *Notommata Werneckii* dans le *Vaucheria terrestris* suffit pour convaincre de l'identité morphologique complète des deux sortes de productions.

Les galles ne sont, en effet, autre chose que les branches persistantes qui forment les organes reproducteurs ; mais ces branches, sous l'influence du parasite, ont pris un accroissement considérable et se sont plus ou moins profondément modifiées dans leur forme primitive. Cependant, on y reconnaît toujours la forme en massue de l'oogone, sa partie rétrécie ou manche de la massue qui porte le cornicule ou anthéridie. De plus, on trouve souvent de jeunes rotateurs logés dans les capsules qui, pour la forme et le volume ne diffèrent en rien des branches reproductrices normales. Ce sont de jeunes galles. On observe, en outre, tous les intermédiaires entre elles et les galles les plus développées qui atteignent cinq et six fois le volume primitif de la massue originelle.

Le développement de la galle suit pas à pas le développement du rotateur qui s'est introduit à un âge très jeune, dans

(1) Balbiani. *Observations sur le Notommate de Werneck et sur son parasitisme dans les tubes des Vauchéries.*

l'oogone. Les modifications les plus importantes à signaler sont l'augmentation de la chlorophylle, l'épaississement de la membrane et la diminution du protoplasma incolore qui est la seule nourriture du parasite. Lorsque le rotateur est arrivé à l'état adulte, « la capsule commence à présenter des signes de décomposition : la chlorophylle perd sa distribution homogène et sa belle coloration verte; elle disparaît par places, forme des amas irréguliers, floconneux, en partie décolorés. » Les galles des Vauchériées présentent aussi fréquemment des filaments plus ou moins longs et nombreux, simples ou rameux, remplis de chlorophylle. C'est là une analogie bien nette avec les galles des végétaux supérieurs, par exemple, les bédéguars des rosiers. Ces filaments naissent et se développent comme les branches des tubes d'Algues et s'ils viennent à être isolés de la galle, il peut être souvent difficile de les distinguer des filaments brisés de Vaucheria.

M. Balbiani a observé que, parmi ces productions adventives, quelques-unes peu développées en longueur se perforent à leur sommet, établissant ainsi une communication entre l'intérieur de la capsule et le liquide ambiant. Ces perforations, dont la formation n'est pas bien connue, permettront aux parasites de sortir de leur galle. Après le départ des jeunes rotateurs, les diverses parties de la protubérance meurent peu à peu et se décomposent.

DESCRIPTION ET ÉVOLUTION

DU NOTOMMATA WERNECKII

Le N. Werneckii appartient incontestablement à la classe des Rotateurs. Il présente les caractères généraux de cette classe. A son état jeune, ces caractères sont très évidents et on ne peut pas le confondre avec d'autres êtres. Il entre de bonne heure dans l'oogone, sans doute par l'orifice préparé pour l'arrivée de l'anthérozoïde fécondateur; comme il ne dépasse pas $0^{mm}30$ de longueur dans son état de plus grande extension, on conçoit que sa taille ne puisse pas être un obstacle pour son entrée dans l'oogone par une porte ouverte. C'est une idée que nous émettons sous toutes réserves.

Dès son arrivée dans l'oogone, son appareil rotateur ne lui sert plus dans le milieu dense où il continuera son évolution; aussi cet appareil s'atrophie peu à peu et l'animal ne se meut plus qu'à l'aide de mouvements généraux dus aux contractions des muscles du corps. Ce caractère de locomotion, bien différent de celui des rotateurs à l'état de liberté, joint à la présence d'un œil impair et médian placé à la nuque, explique la fausse détermination de *Cyclops lupula*, due à Vaucher.

L'individu grandit dans la galle qui se forme autour de lui; les matières nutritives s'accumulent dans son tube digestif où elles forment une tache noire très visible qui a de tout temps attiré l'attention des observateurs. Cette masse noire, résidu de la digestion, est constamment dans un état de rotation lente et continue sous l'action des cils vibratiles qui tapissent les parois internes du tube digestif chez tous les rotateurs; de temps à autre, de petites parcelles s'en détachent, parcelles qui sont charriées par le même mouvement ciliaire jusqu'à l'extrémité de l'intestin, et enfin rejetées au dehors.

Les phénomènes de reproduction sont particulièrement intéressants. M. Balbiani en a donné une étude complète, dont nous extrayons les faits suivants :

Tous les individus observés par M. Balbiani étaient femelles. On ne peut donc pas affirmer qu'il y a des mâles; mais on ne peut pas non plus affirmer qu'il n'y en a point; car, les observations faites sur les autres groupes de Rotateurs nous apprennent que les mâles sont infiniment plus petits que les femelles et que leur existence éphémère est uniquement consacrée à la fécondation.

L'ovaire renferme de nombreux ovules qui présentent presque tous le même état de développement chez le même individu et arrivent par suite presque simultanément au moment où ils doivent être évacués par la ponte. La distension qu'ils font subir au sac ovarien finit sans doute par déterminer la rupture ou la résorption de ses parois, car on trouve plus tard les œufs libres dans la cavité du corps et placés immédiatement sous le tégument externe. A ce moment, l'animal a la forme d'une outre arrondie et il est littéralement bondé d'œufs mûrs.

Le N. Werneckii, comme plusieurs autres Rotateurs, produit deux sortes d'œufs; les œufs d'été qui éclosent immédiatement, et les œufs d'hiver, qui passent la saison froide et n'éclosent que l'année suivante. Le savant embryogéniste du Collège de France a constaté que les premières pontes ne contiennent que des œufs d'été, que les pontes suivantes contiennent un nombre de plus en plus grand d'œufs d'hiver et qu'enfin les dernières pontes ne contiennent plus d'œufs d'été. Ces faits, nettement observés, démontrent pour M. Balbiani « l'épuisement graduel de la vitalité du germe dans les œufs d'été pondus sans fécondation ».

Les jeunes individus, éclos de ces œufs, vermiformes, longs de $0^{mm}10$ à $0^{mm}12$, s'échappent les uns après les autres, soit par les ouvertures des petits filaments de la galle, soit en cheminant à travers les tubes de Vaucheria jusqu'à des capsules voisines qui sont désertes à leur tour et ne renferment que les coques abandonnées des œufs et la masse intestinale noire de la mère. A ce moment, les galles sont près de disparaître définitivement : les Infusoires et les Chytridinées leur enlèvent les parcelles alimentaires, chlorophylle et protoplasma, non utilisées pour le développement de leurs hôtes émigrés.

Les jeunes Notommates, parvenus dans le liquide ambiant, s'y ébattent en toute liberté sans prendre aucune nourriture; mais bientôt leur vie libre prend fin; ils retournent à la plante où ils sont nés. D'après M. Balbiani, ils entrent dans les vieilles capsules pour gagner ensuite les filaments et enfin les jeunes oogones pour y fonder de nouvelles galles.

Telle est le cycle intéressant de ce Rotateur gallicole.

CHAMPIGNONS

On connaît actuellement une foule d'associations de végétaux qui donnent naissance à la formation de galles. L'animal est remplacé par un champignon, c'est là toute la différence. Cette différence n'est pas grande, si l'on se rappelle combien il y a d'homologies dans les phénomènes de nutrition, de respiration en particulier, entre les animaux et les champignons. Les galles produites par les champignons sont désignées par le professeur Thomas, d'Ohrdruf, sous le nom de *mycocécidies*. Nous nous contenterons de passer en revue les galles ou mycocécidies de la mercuriale, du chou et du poirier qui nous paraissent les plus intéressantes.

Les *Chytridinées*, qui forment un groupe de champignons assez nombreux que Van Tieghem range dans la classe de Oomycètes, vivent en général aux dépens des algues soit en pénétrant dans leurs cellules, soit en émettant seulement à travers la membrane de leurs hôtes une sorte de suçoir. Un de leurs genres, le genre *Synchytrium*, a cependant été rencontré chez les végétaux supérieurs, l'anémone, la mercuriale : le *Synchytrium* pénètre dans les cellules et se nourrit abondamment des réserves qu'il y rencontre, mais chose remarquable, les cellules affectées par ce parasite sont plus grandes que leurs voisines, en un mot, elles sont hypertrophiées. Aussi le *Synchytrium* produit-il une sorte de galle saillante au-dessus du niveau de la feuille (*S. mercurialis* (1).

Le *Plasmodiophora Brassicæ* (2), champignon du groupe

(1) De Bary et Woronin. *Beitrag zur Kenntniss der Chytridinen* (Bericht der nat. Gesellsch. Fribourg, 1863).

Woronin. *Neue Beitrag zur Kenntniss der Chytridinen* (Bot. Zeit., 1868).

Schroter. *Die Pflanzen parasiten aus der Gattung Synchytrium* (Cohn's Beitrag, I, 1870).

(2) Woronin. *Jahrbücher für wiss. Botanik*, XI, p. 548. 1878.

des *Myxomycètes*, vit dans les cellules des racines des choux, et provoque des excroissances grisâtres ou jaunâtres, connues sous le nom caractéristique de *hernie* du chou. Ce sont encore là des sortes de galles. Le chou atteint dépérit peu à peu et meurt; mais ici encore l'arrivée du parasite a déterminé une hypertrophie des cellules : sous l'influence du *Plasmodiophora*, les cellules voisines s'accroissent fortement, se cloisonnent un grand nombre de fois et finalement forment ces excroissances qui sont le symptôme extérieur de la maladie (1).

Le *Synchytrium* et le *Plasmodiophora* ne dévorent pas les tissus, mais se nourrissent par simple endosmose.

M. Maurice Girard (2), dans une note sur des galles de poirier, a fait connaître une maladie de cette plante utile occasionnée par la présence de galles sur les tiges et sous les feuilles. « Ces galles, dit-il, sont allongées, chevelues, terminées par un bouton où s'attachent de longs filaments blancs. » Les observations de M. Girard ont été faites sur des feuilles et des branches malades de poirier envoyées au comité de la Société centrale d'Horticulture de France par la Société horticole de Cholet (Maine-et-Loire). La possibilité de l'importation de la maladie de l'étranger paraissait probable, parce que le jardin dans lequel elle s'est présentée tout d'abord touchait à une filature. Les galles qui furent soumises à l'examen de M. Girard étaient vides. Mais l'auteur admit néanmoins « qu'elles étaient certainement dues à des insectes. »

Toute la difficulté consistait à savoir quel était l'insecte qui les produisait. Après avoir écarté les Pucerons et les Hyménoptères, l'auteur conclut que ce sont probablement des némocères qui provoquent ces productions morbides. Les arbres

(1) Van Thieghem. *Traité de botanique*, p. 100.

(2) *Note sur des galles de poirier. Soc. centrale d'Horticulture de France*, 1879, p. 696.

malades avaient les feuilles et les rameaux en mauvais état. Les fruits, arrêtés au quart de leur développement, étaient difformes et rabougris.

La cause des galles dont la présence détermine une maladie sur le *Pirus communis* n'est pas celle qui a été indiquée par M. Maurice Girard. C'est une opinion qui se reproduit toujours de temps en temps que les excroissances morbides qui apparaissent sur les plantes sont toutes produites par la piqûre d'insectes. Or, pour le cas présent, il en est tout autrement. Les galles du poirier, de M. Girard, n'ont aucun rapport avec des parasites animaux. Elles sont provoquées par des champignons. Ce sont des mycocécidies, ainsi que l'a indiqué le professeur Thomas (1). Ayant reçu du président de la Société de Cholet des feuilles de poirier malade, ce savant constata qu'elles ne portaient que « les spermogonies du *Gymnosporangium fuscum* D. C. (*Podisoma*), et, par suite, les galles décrites par M. Girard n'étaient autre chose qu'un état de développement de ce champignon connu sous le nom de *Roestelia cancellata* (Gitterrost) ». Comme la maladie s'était présentée à Cholet depuis 1873 seulement, avec une violence augmentant chaque année jusqu'en 1878, M. le professeur Thomas demanda si, de 1871 à 1873, une plantation de genévrier n'aurait pas été faite dans le voisinage et, dans ce cas, conseilla de la faire disparaître. Le voisinage du genévrier, en effet, et particulièrement du *Juniperus sabina*, est tout aussi dangereux par rapport aux galles, ou rouille du poirier, que le voisinage de l'épine-vinette par rapport à la rouille du blé. Œrstedt, en 1865, a prouvé par des essais d'infection que le « Gitterrost » suppose pour son développement les spores de la rouille du genévrier.

(1) Thomas. *Monatsschrift des Vereins zur Beforderung des Gartenbaues in den Konigl. preuss. Staaten* (Juni Heft, 1880).

INDEX BIBLIOGRAPHIQUE

DES OUVRAGES CITÉS DANS LE COURANT DE CE TRAVAIL

Adler. — Ueber den Generationswechsel der Eichen-Gallwespen (*Zeit. für wis. Zool.*, Band XXXV, Heft 2, 1881).

— Génération alternante chez les Cynipides. Montpellier et Paris, 1881, traduit et annoté par J. Lichtenstein.

Balbiani. — Observations sur le Notommate de Werneck et sur son parasitisme dans les tubes des Vauchéries (*Ann. scienc. nat.*, 6e série, t. VII, 1878).

— Le phylloxera du Chêne et le phylloxera de la Vigne (*Compt. rend. de l'Acad. des Sciences*, année 1884).

Bary (de) et Woronin. — Beitrag zur Kenntniss der Chytridinen (*Bericht der nat. Gesellsch.* Fribourg, 1863).

Beauvisage. — Les galles utiles. Thèse d'agrégation. Paris, 1883.

Bernard (Cl.). — Leçons sur les phénomènes de la vie, 1878-79.

Beyerinck (W.). — Bijdrage tot de Morphologie der Plantengallen. Utrecht, 1877.

— Beobachtungen über die ersten Entwicklungsphasen einiger Cynipidengallen (*Konigl. Akad. der Wissensch. zu Amsterdam*, 1882).

Bonnet. — Traité d'insectologie et observations sur le puceron, 1745-79.

Bosc. — *Cecidomya Poæ* (*Bull. de la Soc. philomatique*, 1817).

Braun. — Sur des galles produites par des Anguillules sur le *Leontopodium alpinum* (*Botan. Zeit.*, 1875).

Brehm. — Merveilles de la nature. — Les insectes (trad. franç. de Kunckel d'Herculais).

Bremi. — Monographie der Gallmücken (*Denkschr. der allgemeinen schweizer. Gesellschaft für die gesammten Naturwissensch.*).

Briosi. — Sulla Phytoptosi della Vite (*Atti della stat. sperim. di Palermo*, 1877).

Cornu (Max.). — Etudes sur le *Phylloxera vastatrix*. Paris, 1878.

— Sur une maladie nouvelle qui fait périr les Rubiacées des serres chaudes (*Bull. de la Soc. bot. de France*, t. XXVI, 1879).

Coste. — Les ennemis du phylloxera gallicole (*Compt. rend. de l'Acad. des Sciences*, t. XCI, 1880).

Courchet. — Etude sur les Aphides. Montpellier, 1878.

— Etude sur les galles produites par les Aphidiens. Montpellier, 1879.

Davaine. — Recherches sur l'anguillule du blé niellé, considérée au point de vue de l'histoire naturelle et de l'agriculture. Paris, 1857.

Diesing. — Systema Helminthorum, 1851.

Dufour (Léon). — Recherches anatomiques et physiologiques sur les Diptères (*Compt. rend. de l'Acad. des Sciences*, t. XVIII, 1844).

— Description des galles du *Verbascum* et du *Scrophularia* et des insectes qui les habitent, pour servir à l'histoire du parasitisme (*Ann. sc. nat., zool.*, 3e série, t. V, 1846).

Dugés. — Recherches sur l'ordre des Acariens. 1834.

Dujardin. — Annales des Sciences naturelles. 1851.

Duvau. — Nouvelles recherches sur l'histoire naturelle des pucerons, 1825.

Ehrenberg. — Organisation in der Richtung des kleinstens Raumes. 1834.

Franck. — Die Krankheiten der Pflanzen. Breslau, 1881.

Germain de Saint-Pierre. — Galles du *Poa nemoralis* (*Journal l'Institut*, 1853).

Geoffroy. — Histoire des insectes, t. II.

Girard (Aimé). — Sur le développement en France des Nématodes de la betterave pendant la campagne de 1884 (*Compt. rend. de l'Acad. des sciences*, t. IC, 1874).

Girard (Maurice). — Note sur les galles du poirier (*Soc. centr. d'horticulture de France*, 1879).

Greef. — Ber. der Marburger. Gesellsch. zur Beford. der Naturwissensch. 1872).

Guibourt et G. Planchon. — Histoire naturelle des drogues simples, dernière édition.

Henneguy. — Sur le phylloxera gallicole (*Compt. rend. de l'Acad. des Sciences*, 1882 et 1883).

Jobert. — Note sur une maladie des Caféiers du Brésil (*Compt. rend. de l'Acad. des Sciences*, 1878).

Kaltenbach. — Die Pflanzenfeinde aus der Klasse der Insekten. Sttutgart, 1874.

Kessler. — Lebensgesch. der auf *Ulmus campestris* vork. Aphiden Arten.

Kyber. — Erfahrungen und Bemerkungen über Blattlaüse. Halle, 1815.

Laboulbène. — Galles du *Cochilus hilarana* sur l'*Artemisia campestris* (*Ann. de la Soc. entom. de France*, 3e série, t. IV, 1856).

— Histoire des métamorphoses d'un *Ceutorhynchus* qui produit une galle sur le *Draba verna* (*Ann. de la Soc. entom. de France*, 3e série, t. IV, 1856).

— Galles du *Limoniastrum guionanum* (*Ann. de la Soc. entom. de France*, 3e série, t. V, 1857).

— Galles du *Neuroterus lenticularis* déformées sous l'influence de parasites étrangers (*Mém. de la Soc. de Biol.*, 4e série, t. V, 1869).

— Article *Parasitisme* du Dictionnaire encyclopédique des sciences médicales.

Lacaze-Duthiers. — Recherches pour servir à l'histoire des galles (*Annales des Scienc. nat.*, *Bot.*, t. XIX, 1853).

Lacaze-Duthiers et Riche. — Mémoire sur l'alimentation de quelques insectes gallicoles et sur la production des graisses (*Ann. des Scienc. nat.*, *zool.*, série, t. II, 1853).

Lichtenstein (**J.**). — Notes pour servir à l'histoire des insectes du genre *Phylloxera*. Paris, 1876.

— Les pucerons du Térébinthe (*Feuille des jeunes naturalistes*, 1879-80).

— Nouvelles observations sur les migrations des pucerons (*Soc. entom. de Belgique*, 1880).

— Génération alternante chez les Cynipides, traduit et annoté d'après le travail d'Adler.

— Observations critiques sur les pucerons des Ormeaux et les pucerons du Térébinthe (*Feuille des jeunes naturalistes*, 1882-83).

— Les pucerons. — Monographie des Aphidiens. Paris, 1885.

— Monographie des pucerons du Peuplier. Montpellier, 1886.

Licopoli. — Sopra alcuni tubercoli radicellari contenenti anguillole (*Just Bot. Jahresbericht*, 1876).

Löw (Fr.). — Verhandl. des zool. bot. Vereins zu Wien, 1874.

Lyngbye. — Tentamen hydrophytologiæ danicæ, 1819.

Magnus (P.). — Galles produites par une anguillule sur les feuilles du *Festuca ovina* (*Bot. Zeit.*. 1875).

Malpighi. — Opera omnia : de Gallis.

Martin. — Des ennemis naturels du Phylloxéra (*Congr. intern. phyllox. de Bordeaux*, 1882).

Mayr (G.). — Die Mitteleuropaïschen Eichengallen in Wort und Bild. Wien 1871.

— Die Einmiethler der Mitteleuropaïschen Eichengallen (*Verhandl. der K. K zool. bot. gesellsch. in Wien*, Bd. XII, 1872).

Olivier. — Voyage dans l'empire ottoman, l'Egypte et la Perse, t. I. Paris, an IX.

Passerini. — Aphididæ italicæ hujusque observatæ.

Paszlavski. — A Roszagubacs fejlodéséol. Budapest, 1882.

Perris (E.). — Galloïdes des Cécidomyes (*Ann. de la Soc. entom. de France*, 4e sér., t, X, 1870).

Planchon (J. E.). — Le phylloxéra en Europe et en Amérique (*Revue des Deux-Mondes*, fév. 1874).

Planchon (J. E.) et Lichtenstein. — Congrès scientifique de France 35e année. Montpellier 1872.

— Note sur un cryptogame insecticide (*Compt. rend. de l'Acad. des Sciences*. t. XCII, 1881).

Prillieux. — Galles du *Poa nemoralis* (*Ann. des Scienc. nat., Bot.*, 3e sér., t. XX, 1853).

— Structure et développement de quelques galles du Chêne (*Ann. des Scienc. nat., Bot.*, 6e sér., t. III, 1876).

Réaumur. — Histoire des insectes, t. III, Mémoire XII.

Schacht. — *Zeitschrift der Ver. fur Rübenzucker Industrie.*

Scheuten. — Troschel's Archiv für Naturgeschichte 23, I.

Schiff. — Recherches sur le tannin (*Deutsch. chim. Gessel;* voir aussi le Dictionnaire de Würtz).

Schroter. — Die Pflanzen parasiten aus der Gattung *Synchytrium* (*Cohn's Beitrag*, t. I, 1870).

Siebold (von). — Bericht über die Arbeite der entom. Sections der schles. Gessellsch. für vaterl. Cultur, 1850.

Thomas. — Beitrage zur Kenntniss der Milbengallen und der Gallmilben, Halle, 1874.

— Monatsschrift des Vereins zur Beforderung den Gartenbaues in der konigl. preuss. Staaten (*Juni Heft,* 1880).

Trauenfeld. — Verhandl. des zool. bot. Vereins zu Wien, 1872.

Turpin. — Froriep's Notizen, Bd. 47. Weimar, 1865.

Unger. — Die Metamorphose der *Ectosperma clavata*. Bonn, 1827 (voir aussi *Ann. des Scienc. nat.*, t. XIII, 1828).

Vallot. — Observation sur la galle chevelue du *Gramentum* (*Mémoires de l'Acodémie des Sciences de Dijon*, 1826).

Van Tieghem. — Traité de botanique. Paris, 1884.

Vaucher. — Histoire des conferves d'eau douce, 1803.

Wimmer. — Uebersicht der Arbeiten der schles. ges. für vaterl. Cultur, 1833.

Woronin. — Neue Beitrag zur Kenntniss der Chytridinen (*Bot. Zeit.*, 1868).

— Plasmodiophora brassicæ (*Jahrbücher für wiss. Botan.*, t. XI, 1878).

TABLE DES MATIÈRES

Paris. — Imprimerie G. Rougier et Cie, rue Cassette, 1.

A LA MÊME LIBRAIRIE

ARTHUIS (A.). — **Électricité statique.** Manuel pratique de ses applications médicales, in-18 de 200 pages avec 18 figures dans le texte.......... 3 fr.

BARDET (G.). — **Traité théorique et pratique d'électricité médicale.** Avec une préface de C.-M. GARIEL. Un beau volume in-8 de 660 pages avec 234 figures dans le texte.......... 10 fr.

BARDET (G.). — **De l'exposition d'électricité au point de vue médical et thérapeutique.** — In-8 de 100 pages, avec 50 figures dans le texte.......... 3 fr.

BERNHEIM, professeur à la Faculté de médecine de Nancy. — **De la suggestion et de ses applications à la thérapeutique.** 1 vol. in-18 cartonné diamant, de 450 pages avec figures dans le texte.......... 6 fr.

BERNHEIM. — **De la suggestion dans l'état hypnotique**, réponse à M. Paul JANET, in-8.......... 0 fr. 50

BOUDET DE PARIS, ancien interne des hôpitaux de Paris. — **Électricité médicale.** Études électrophysiologiques et clinique. 1 vol. grand in-8 de 600 pages avec de nombreuses figures dans le texte. Cet ouvrage paraîtra en 3 fascicules. Le 1er fascicule est en vente, il forme 100 pages contenant les considérations générales sur la fonction du muscle et sur les effets chimiques du courant de pile.......... 3 fr.

Le 2e et le 3e fascicule paraîtront en 1886.

BOUDET DE PARIS. — **L'Électricité en médecine.** Brochure in-8.......... 1 fr.

DUJARDIN-BEAUMETZ et **AUDIGÉ.** — **Recherches expérimentales sur la puissance toxique des alcools.** Ouvrage couronné par l'Académie de médecine. 1 vol. grand in-8 de 400 pages.......... 10 fr.

DUJARDIN-BEAUMETZ et **AUDIGÉ.** — **Recherches expérimentales sur les alcools par fermentation.** In-8 de 61 pages.......... 2 fr.

DUTER (E.), agrégé de l'Université, docteur ès-sciences physiques, professeur de physique au lycée Louis-le-Grand. — **Cours d'Electricité** (classe de rhétorique), rédigé conformément au programme du 2 août 1880. 1 vol. in-18 cartonné toile de 300 pages, avec 200 figures dans le texte.......... 3 fr. 50

GAY (François), professeur agrégé à l'Ecole supérieure de pharmacie de Montpellier. — **Altérations dites spontanées des médicaments chimiques**, causes et phénomènes, moyens de conservation. In-8 de 136 pages.......... 3 fr.

GARIEL (C.-M.), professeur agrégé de la Faculté de médecine de Paris, membre de l'Académie de médecine, ingénieur en chef des ponts et chaussées. — **Traité pratique d'électricité**, comprenant les applications aux *Sciences* et à l'*Industrie* et notamment a la *Télégraphie*, à l'*Eclairage électrique*, à la *Galvanoplastie*, a la *Physiologie*, à la *Médecine*, à la *Météorologie*, etc., etc. Deux beaux volumes grand in-8 formant 1,000 pages avec 600 figures dans le texte. Ouvrage complet.......... 24 fr.

Le tome Ier ne se vend plus séparément.

GRAHAM (professeur). — **La chimie de la panification**, traduit de l'anglais, 1 vol. in-18.......... 2 fr.

HÉTET, pharmacien en chef de la Marine, professeur de chimie à l'Ecole de médecine navale de Brest. — **Manuel de chimie organique** avec ses applications à la médecine, à l'hygiene et à la toxicologie. 1 vol. in-18 de 880 pages, avec 50 figures dans le texte.

Broché.......... 8 fr.
Cartonné.......... 9 fr.

JAGNAUX (R.), ingénieur-chimiste. — **Traité pratique d'analyses chimiques et d'essais industriels.** Methodes nouvelles pour le dosage des substances minérales, minerais, métaux, alliages et produits d'art. 1 vol. in-18 de 500 pages avec figures.......... 6 fr.

NEUMANN. — **Les appareils électro-médicaux à l'exposition d'électricité.** In-8 de 32 pages.......... 1 fr. 50

ORDONNEAU (Ch.), pharmacien, membre de la Société chimique de Paris. — **Alcools et eaux-de-vie**, études chimiques comparatives, 1 vol. in-12 de 110 pages. Prix.......... 3 fr.

PAULIER (A.-B.) et F. **HÉTET**, professeur de chimie légale à l'Ecole navale de Brest, pharmacien en chef de la Marine. — **Traité élémentaire de médecine légale, de toxicologie et de chimie légale.** 2 vol. in-18 formant 1350 pages avec 150 figures dans le texte et 24 planches en couleur hors texte.......... 18 fr.

YUNG (Emile), Privat-Docent à l'Université de Genève. **Le sommeil normal et le sommeil pathologique**, magnétisme animal, hypnotisme névrose hystérique. 1 vol. in-18.......... 2 fr. 50

PARIS. — IMP. G. ROUGIER ET Cie, 1, RUE CASSETTE.

www.ingramcontent.com/pod-product-compliance
Ingram Content Group UK Ltd.
Pitfield, Milton Keynes, MK11 3LW, UK
UKHW020151200726
13856UKWH00003B/945